你的气场，

终将成就独一无二的自己

李问渠——著

吉林出版集团股份有限公司

图书在版编目（CIP）数据

你的气场，终将成就独一无二的自己 / 李问渠著
. — 长春：吉林出版集团股份有限公司，2017.11
ISBN 978-7-5581-4650-3

Ⅰ.①你… Ⅱ.①李… Ⅲ.①成功心理 – 通俗读物
Ⅳ.①B848.4–49

中国版本图书馆CIP数据核字（2018）第099126号

你的气场，终将成就独一无二的自己

著　　者	李问渠	
责任编辑	王　平　史俊南	
特约编辑	李婷婷	
封面设计	象上品牌设计	
开　　本	880mm×1230mm　1/32	
字　　数	150千字	
印　　张	7.5	
版　　次	2018年6月第1版	
印　　次	2018年6月第1次印刷	

出　　版	吉林出版集团股份有限公司
电　　话	总编办：010-63109269
	发行部：010-81282844
印　　刷	北京京丰印刷厂

ISBN 978-7-5581-4650-3　　　　　　　　　　　定价：46.00元

目 录

第一章

关于气场，
你知道多少？

气场究竟是什么

我们在评论某一个人的时候，说他的气场如何如何。那么，经常被挂在嘴边的气场到底是什么呢？

可能很多人对"气场"这个概念还是很模糊。

我们都学过物理，物理学上记录了磁铁有南北两极，南北两极存在磁场。而地球就有南北两极，犹如两个大大的磁铁。生活在地球上的人类，其实也是有磁场的。一个人身上散发的"磁场"，就是我们通常说的气场。

气场，似乎是人们熟知而又不易捉摸的概念，大有"只可意会不能言传"的意味。个人的气场就是指一个人的性格、言行举止而形成的个人魅力，带有很强的个性化因素。而人们往往只会注意到气场强大的人。因此，在人际交往中，有很多人一出场就成为众人瞩目的焦点，而有的人，则存在感很低，实际上这都是由于每个人的气场所决定的。

一个拥有强大气场的人，无论走到哪里，都会成为众人瞩目的焦点。因为气场是由内而外散发出来的力量，它吸引着身边的每一个人。

气场，属于一种内在的气质，是以一个人的文化、知识、思想修养、道德品质为基础的，通过对待生活的态度、情感、行为等直观地表现出来。

那么，到底什么才是气场呢？恐怕谁也不能用三言两语就能说清。活泼可爱是一种气场，端庄典雅也是一种气场，摩登时尚其实也算是一种气场。最让人喜欢的应该就是那种自然平和的气场，让人觉得舒服，安详，愉悦。但无论哪种气场，都需要通过一个人的言谈举止和外在表现流露出来。所以说，要想成功地突出自己的气场，首先就要明确自己的自身特点，根据自己的个性特征来塑造外在形象。

简单说，一个人的气场是指一个人内在涵养或修养的外在体现。气场是内在的不自觉的外露，而不仅是表面功夫。很多人为了能让自己成为焦点，或者为了显示出自己的与众不同，用华丽的服饰包装自己。但是，效果并不理想，反而给人肤浅的感觉。这是为什么呢，很简单，没有气场。所以，要想提升自己的气场，做到气场出众，除了穿着得体，说话有分寸之外，还要不断提高自己的知识水平，品德修养，不断提升自己。

在现实生活中，有强大气场的人，的确能吸引大家的目光，让众人追随。比如外貌秀丽，举止端庄，性格温柔给人以恬静的静态气场；身材魁梧、行动矫健，性格豪爽的人，给人以粗犷的动态气场；外貌英俊，举止文雅，性格沉稳的人，给人以优雅的气场。

记得曾经在报纸上看过这样一个例子——

陈阿土是台湾的农民，从来没有出过远门。为了增长见识，他报名参加了一个国际旅行团，从没有出过国门的阿土既胆怯又好奇。

导游为大家安排了不错的饭店，每个人都有一个独立的房间，饭店的服务也不错，免费供应早餐，并且会有专人送上门。

早晨，服务生来敲门送早餐时大声说道："Good morning, sir!"

陈阿土愣住了。他不懂英语，完全不知道这是什么意思。但是，他不想让人家觉得自己不懂。于是他想，在自己的家乡，一般陌生的人见面都会问："您贵姓？"也许这个也是问自己叫什么的意思吧。

于是陈阿土大声叫道："我叫陈阿土！"

如是这般，连着三天，都是那个服务生来敲门，每天都大声说："Good morning, sir!"而陈阿土也大声回道："我叫陈阿土！"

但他觉得很奇怪，这个服务生天天问自己叫什么，到底是怎么回事啊？终于他忍不住去问导游，"Good morning, sir! "是什么意思，导游告诉他是"早上好"的意思。还告诉他，如果有人这么向他问候，那他也应该回应一句：早上好。

陈阿土这才知道自己闹了笑话，于是他回到房间反复练习"Good morning, sir! "这句话，以便能体面地应对服务生。

又一天的早晨，服务生照常来敲门，门一开陈阿土就大声叫道："Good morning, sir! "

与此同时，服务生回答的是："我是陈阿土！"

看了这个故事，相信大家都觉得有点好笑。但是，为什么会出现这样的情景呢？很简单，在双方对彼此都不熟悉的情况下，谁更能征服对方呢？我们说是气场强的那个人。因为阿土一直气场很足地喊"我是陈阿土"，所以，服务生被他的气场征服了，从而改变了自己的行为。

有一句俗话说：狭路相逢，勇者胜。在社会上，人际交往中，工作生活中，我们可以说，气场强的人，更容易得到大家的认同，更容易被大家接受。

同时，一个人的气场也是个性的外在表现。每个人的气场就是这个人的与众不同之处，就是一个人在思想、性格、品质、意志、情感、态度等方面不同于其他人的特质，这个特质表现于外就是他的言语方式、行为方式和情感方式等等。

任何人都有自己独特的气场，而这种气场也决定了一个人是否能成为一种个性化的存在。说到这里，或许很多人应该能够明白什么是气场了。简单地说，气场是一个人内在的东西，由内及外，从自身所特有的属性而散发出来的形成的氛围。

尽管如此，气场却并不是一成不变的。因为现实生活非常复杂，随着社会现实和生活条件、教育条件的变化，年龄的增长，主观的努力等，气场也可能会发生某种程度的改变。

相信很多人都听过下面这个典故：

吕蒙是三国时期吴国的一员勇将，可惜的是，他没有读过几天书，为人比较粗鲁。孙权便劝说他去多读一点书。吕蒙推托说："在军营中常常苦于事务繁多，恐怕不允许再读书了。"

孙权说："我难道要你们去钻研经书做博士吗？只不过叫你们多浏览些书，了解历史往事，增加见识罢了。你们说谁的事务能有我多呢？"

吕蒙觉得孙权说得有道理，于是开始认真看书，到后来，基本上可以说是博览群书。

鲁肃掌管吴军后，上任途中路过吕蒙住地，吕蒙摆酒款待他。鲁肃不知道吕蒙已经是个学富五车的人了，在酒宴上两人纵论天下事时，吕蒙的谈吐让鲁肃大吃一惊。

酒宴过后，鲁肃感叹道："我一向认为老弟只有武略，时至今日，老弟学识出众，确非吴下阿蒙了。"吕蒙道："士别三日，但更刮目相看。"

昔日的阿蒙都可以让人刮目相看，所以，气场弱的朋友们，不要气馁，从现在开始，努力地丰富自己的学识，提高自己的修养。总有一天，你也可以让人刮目相看。

气场形成的内因和外因

　　一个人的气场是内在修养加外在的行为，诸如谈吐、待人接物的方式、态度等的总和。优雅大方、自然的气场会给人一种舒适、亲切、随和的感觉。

　　在气场的构成因素中，我们可以这样说，一半是天生的，一半是后天形成的。就像《三字经》里说的那样：人之初，性本善，性相近，习相远。所以，我们每个人的气场，都有先天的一些因素在里面。这些先天因素是人们与生俱来的，它包括感觉器官、运动器官以及神经系统和脑的特点。这些特点，主要来自于遗传。它是气场形成和发展的自然前提和物质基础。

　　气场的另一半，是在后天培养的，诸如食物、环境、家庭、学校、社会、文化、经历、年龄、职业等，都可以影响人的气场。就好像我们平日里看到一个人，就大概能知道他是做什么行业的。因为每个行业的人，都有各自不同的气场。比如明星，他的气场是外向型的，他会用他的气场去获得你的好感。比如作家，你会无形中感觉，他周围的空气里飘散着一丝墨香。而艺术家，气场中更多了一些艺术气息。看过武侠小说的人，一定对这样的场景不陌生，比方说一个杀手进来，周围的人都会感觉到一股杀气。

在气场形成的过程中，环境和教育是气场形成与发展的外部条件，因为外因必须通过内因起作用。一个人的气场，除必须积极地投入到实践中去之外，还要充分发挥自身的主观能动性——积极的心理特征，即理想、兴趣及勤奋和不怕困难的意志力。

一个人的气场是可以培养的，但不是每个人都能很快获得一个强大的气场。培养强气场，是一个漫长的过程，而能否成功，很大程度上是取决你自身的努力！

气场不是学来的，而是培养出来。比如古代，很多大家闺秀，要求言谈举止都得符合标准。而这个标准，其实就是表现出来的气场。今天我们不会要求女子遵守那么多的规矩，但是，无论男人还是女人，都应该培养一下自己的气质，增强自己的气场，因为在现代社会，气场是你在交往中最重要的名片。只要你是真心想要提高自己的气场，就得多看书、多思考。

要知道，气场不是一两个月可以改变的，这需要一年两年甚至更长的时间。气场是内在散发出来的一种魅力，化妆虽能改变容貌，但气场这东西是要靠内在修养，而不是靠装饰获得的。除了注重外表的华丽外，还要更多地注重内涵。

在社交圈中，你是大家眼中的一个亮点吗？你想在人群中吸引别人的眼球吗？这些当然不是靠暴露、夸张的打扮来实现。气场是一种你有而别人没有的东西，会让别人觉得你与众不同，这种不同不是刻意做出来的，它是一种自然美的流露。

能提升气场的东西很多，我相信你能从下面的例子中找到答案。

大家都知道，鱼依靠鳔才能在大海中自由沉浮。同样是水中生物，鲨鱼就没有鳔，为了能够沉浮，它就只能依靠肌肉的运动。由于重心的作用，只要它停止游弋，身子就会迅速下沉，所以鲨鱼要上浮时，只能依靠肌肉的运动而不停息地游弋。长此以往，它们身体的肌肉就越来越强壮，体格也越来越大，终成"海洋霸王"。

反之，鲨鱼一旦停止游动，就会因缺氧而导致死亡。

我们说是环境改变了它，外因促成它形成了"海洋霸王"的气场。

综上所述，一个人气场的形成，离不开两个环境，一个是自然环境，一个是社会环境。在人的发展中，社会环境起着更为主导的作用。环境影响人，主要是通过社会环境实现的。社会环境包括社会文明的整体水平，社会生产力的发展水平、社会物质生活条件以及社会的政治经济制度和道德水准，其中最主要的是社会发展的程度和个人拥有的社会关系。

许多学者和有成就的人指出，人的气场同坚强的信念、崇高的理想联系在一起。没有理想和信念，发展能力就缺乏强大的动力；兴趣和爱好是促使人们去探索实践，进而发展各种能力的重要条件。因此，一个人气场的形成，是内因和外因共同作用的结果。

气场是决定人生成败的基石

　　每个人都渴望自己能够获得成功，但事实上并非每一个人都能成为成功者。成功者之所以成功，不仅是因为他们具有超越常人的才华，更重要的是因为他们具备成为成功者的气场。气场有助于人们克服困难，即使受到挫折与坎坷，依然能够保持乐观的情绪，保持旺盛的斗志。可以说，成功人士与一般人之间最大的区别就在于气场的差异。

　　气场吸收了一个人成长中所有的得与失，其中包括他的性格、学识、教养、专业、品位，成长环境、家庭背景等，当然，还有他的外貌。这些物质经过各种方式的变化组合，形成一种独特的能量。这种能量以各种形态附着于他，形成了这个人独特的存在形式。

　　不论是在生活还是在工作中，我们每个人至少有两个自己，一个是内心真实的自己，另一个是我们展示给大家看的自己。气场，是二者的结合体。气场，每个人都有，但看不见摸不着。气场是装不出来的，气场是种感觉，比如大牌明星，公众人物，一出场，那种架势、那股底气、那个范儿就是气场。生活中，领导者、电影演员、演讲家、培训师，等等，是体现气场最明显不过的角色。

大家也许都读过《假如给我三天光明》这本书，这本书的作者海伦·凯勒就是一个气场很强的人。

海伦·凯勒1880年出生于亚拉巴马州北部一个叫塔斯喀姆比亚的城镇。在她一岁半的时候，一场重病夺去了她的视力和听力，接着，她又丧失了语言表达能力。

但是，长大后的海伦，竟然学会了读书和说话，并以优异的成绩毕业于美国拉德克利夫学院，成为一个学识渊博，掌握拉丁、希腊、英、法、德五种文字的著名作家和教育家。

她走遍世界各地，为盲人学校募集资金，把自己的一生献给了盲人福利和教育事业。因此她赢得了许多国家政府的嘉奖，并获得了世界各国人民的赞扬。

从海伦7岁受教育，到考入拉德克利夫学院的14年间，包括在大学学习时，许多教材都没有盲文版本，要靠别人把书的内容拼写到她手上，因此她花费在预习功课上的时间要比别的同学多得多。当别的同学在外面嬉戏、唱歌的时候，她却在努力学习。

有人曾如此评价她：海伦·凯勒是人类的骄傲，是我们学习的榜样。

一个看不见任何东西、说不出一句话、听不见一丝声响的残疾人，为什么能够走出黑暗，获得让正常人惊叹的成绩？为什么能够赢得世人如此高的褒奖？除了靠海伦自己的顽强毅力和她的老师莎莉文的循循教导之外，恐怕起到关键作用的就是她的气场——在困难面前艰苦奋斗、不屈不挠的气场。

海伦·凯勒正是凭借自己的刻苦努力，丰富自我，形成了自己独特的气场，最终取得了辉煌的成就。

每个人对成功的定义都不一样，真正的成功应该是全方位的，包括朋友、家庭、心灵、时间和金钱等，但最终是精神上的东西。人是精神与物质相交融的产物。一个人只有主宰自己的气场优势，才能主宰自己的命运。

气场是衡量一个人综合指标的一个重要参数。这个参数的存在往往被人们所忽略。但客观存在的东西终究会被证实，特别是当人们发现它的重要性的时候。因此，伟人往往就是这样的人——岁月的更迭不是影响他气质和气场的根本因素，反而倒是成就他一切的最有力的见证。

气场可以帮助每个人找到真实的自己，从而理解自己的思想，宽容自己，爱自己。当你真正了解了气场，你就能够达观地接受别人的意见，对别人的错误变得豁达、宽容起来。

其实，只要不带偏见地深入审视自己，总会找到自己气场中的优势。不同气场的人都可以成功，关键是我们怎样去运用气场，怎样运用好的方法使自己得到锻炼和成长，从而使气场带给我们的收获最大化。

不同的气场，不同的人生

我们每个人，都拥有着自己的人生。我们都希望，人生能由自己来把控。那么，如何才能经营好自己的一生呢？可能，每个人都有自己完美的人生规划，但是，要把这些美好的愿望都变成现实，我们还需要做一件事情，那就是：了解自己的气场。因为，不同的气场，决定了不同的人生。

人们常把心比喻成人生的精髓，而成功的气场也需要用心来经营。

前文我们说过，一个人的气场就是这个人的精气神所在，是睿智的反映，也是一个人素质的体现。在现实生活中，想要获得较高的成就，就要有能把控人生百态的气场。

孔子曾经问子贡："你和颜回哪一个强？"

子贡答道："我怎么敢和颜回相比？他能够以一知十；我听到一件事，只能知道两件事。"

虽然子贡如此说，但是子贡依然取得了很大的成绩，成为孔子的得意门生之一。

就像世界上没有两片相同的树叶一样，人的气场，也是各不相同的。比如有的人，给人的感觉是睿智多思；有的人，给人的感觉是亲切温和。拥有这两种气场的人，一个善于分析，一个善于聆听；一个做事有条理，一个做事有耐性。正如颜回和子贡，气场不同，那么在人生之路上也会取得不同的成绩。

人生里有太多的逆境，这是生活中的偶然。但是气场可以让偶然转化为令人快乐的必然。因此，当我们了解了自己的气场是什么类型的，在自己的核心性格偏好上不断地创新、不断地发展，超越自我及他人的速度相对更快，以及更适合自己的天性和才能。

有这么一则寓言：

猪说假如让我再活一次，我要做一头牛，工作虽然累点，但名声好，让人爱怜；

牛说假如让我再活一次，我要做一头猪，吃罢睡，睡罢吃，不出力，不流汗，活得赛神仙；

鹰说假如让我再活一次，我要做一只鸡，渴有水，饿有米，住有房，还受人保护；

鸡说假如让我再活一次，我要做一只鹰，可以翱翔天空，云游四海，任意捕兔杀鸡。

多数人向往自己不熟悉但相关的领域，容易羡慕别人。羡慕或许是正常的，但是如果人因为对别人的羡慕而放弃了对自己的自信和对理想的追求，那就是愚蠢的。羡慕只是因为我们希望涉及这些领域，但不熟悉而已。而那些我们羡慕的事情，可能并不符合我们的气场。

生物遗传密码的千差万别，成就了每个人的优点特长，同时也会有一些缺陷短处，后天教育与环境的差异更是造就了不同的气场。其中既有令人羡慕之处，又有不尽如人意的地方。牵强地一味要求自己与令我们羡慕的人看齐，常常会丧失美好的东西。

爱因斯坦小时候十分贪玩。直到他16岁的那年秋天，一天上午，父亲将正要去河边钓鱼的爱因斯坦拦住，并给他讲了一个故事，正是这个故事改变了爱因斯坦的一生。

故事是这样的：

"昨天，"爱因斯坦父亲说，"我和咱们的邻居杰克大叔清扫南边工厂的一个大烟囱。那烟囱只有踩着里边的钢筋踏梯才能上去。你杰克大叔在前面，我在后面。我们抓着扶手，一阶一阶地终于爬上去了。下来时，你杰克大叔依旧走在前面，我还是跟在他的后面。后来，钻出烟囱，我发现一个奇怪的事情：你杰克大叔的后背、脸上全都踏上了烟囱里的烟灰，而我身上竟连一点烟灰也没有。"

爱因斯坦的父亲继续微笑着说："我看见你杰克大叔的模样，心想我肯定和他一样，脸脏得像个小丑，于是我就到附近的小河里去洗了又洗。而你杰克大叔呢，他看见我钻出烟囱时干干净净的，就以为他也和我一样干净呢，于是就只草草洗了洗手就大模大样上街了。结果，街上的人都笑痛了肚子，还以为你杰克大叔是个疯子呢。"

爱因斯坦听罢，忍不住和父亲一起大笑起来。

父亲笑完了，郑重地对他说，"其实，谁也不能做你的镜子，只有自己才是自己的镜子。拿别人做镜子，白痴或许会把自己照成天才的。"

别人的成功、经验、思维是别人的，是永远不能复制的。每个人都有自己独特的气场，人生的关键问题就是如何运用好自身气场的问题。你的气场可以使你乐观豁达，战胜面临的苦难；可以使你获得更多的帮助；可以使你心境清明，让你在通往成功的路上，披荆斩棘。

不同气场的人，有不同的需求、动机、喜好和欲望等。但是不同气场的人，由于这些内在因素的影响，几乎都有自己的核心偏好。而每个人的气场，又决定了每个人会去走各自不同的人生之路。

　　曹操问名医扁鹊："你们家兄弟三人，都精于医术，到底哪一位最好呢？"

　　扁鹊答："长兄最好，中兄次之，我最差。"

　　曹操再问："那为什么你最出名呢？"

　　扁鹊答："长兄治病，是治病于病情发作之前。由于一般人不知道他事先能铲除病因，所以他的名气无法传出去。中兄治病，是治病于病情初起之时。一般人以为他只能治轻微的小病，所以他的名气只及本乡里。而我是治病于病情严重之时。一般人都看到我在经脉上穿针放血、在皮肤上敷药等大手术，所以都以为我的医术高明，名气因此响遍全国。"

可见，气场在人们的日常生活和工作中至关重要。如果你忽略了去经营自己的气场，那么你就会成为一块不能引起别人注意的璞玉。未经雕琢的璞玉和雕刻后的美玉同样价值连城，但是雕

刻成形的美玉会更受欢迎，更有机会让市场来检验它们的价值，
这就是气场的作用，气场可以让一个人在人前变为美玉，拥有更
多的成功机会。

认识你自己的气场

　　每个人都有自己独特的气场，每种气场都有其匹配的职业。有的人擅长这一行，有的人擅长那一行。我们应该了解自己的气场，并按照气场特性去寻找合适的人生之路。

　　在古希腊的"戴尔波伊神托所"的门口矗立着一块古老的石碑，上面写着醒目、发人深省的大字："认识你自己！"这句名言被著名的思想家卢梭称赞为："比伦理学家们的一切巨著都更为重要、更为深奥的至理名言。"

　　认识你自己的气场，发展并经营自己的气场，只有这样，你才能更准确地发现自己的最佳才能，找到到达成功目的地最迅捷的途径。

　　爱因斯坦说过："孩子生来就是天才，但往往在他们求知的岁月中，错误的教育方法扼杀了他们的天才。"而每一个天才都自己的气场，每一种气场，都可以促你成功。

很多人成功，是因为他们很清楚自己的气场能给自己带来什么。这样他们就有了目标和动力，在发展自己的路上才不会迷失自己。

有个叫布罗迪的英国老师，在整理阁楼上的旧物时，发现了一叠练习册，它们是50年前皮特金幼儿园B（2）班31位孩子的春季作文，题目叫"未来我是……"。

这些作文本中，记录着孩子们各种各样的理想，理由也是千奇百怪。

有个孩子写道：他未来一定会是海军大臣，因为有一次他在海中游泳，喝了3升水，都没有被淹死；还有个孩子说，自己将来必定是法国总统，因为他能背出25个法国城市的名字，而其他同学最多的只能背出7个；还有一个叫戴维的小盲童，他认为，将来他必定是英国的一个内阁大臣，因为在英国还没有一个盲人进入过内阁。

布罗迪想把这些本子重新发到同学们手中，让他们看看现在的自己是否实现了50年前的梦想。

当地一家报纸得知他的这一想法，为他发了一则启事。没几天，布罗迪收到了各地的回信。他们中间有商人、学者及政府官员，更多的是没有表明身份的人，他们表示，很想知道儿时的梦想，并且很想得到自己那本作文簿，布罗迪便按照地址一一给他们寄去。

一年后，他收到内阁教育大臣布伦科特的一封信。他在信中说："那个叫戴维的就是我，感谢您还保存着我们儿时的梦想。不过我已经不需要那个本子了，因为从那时起，我的梦想就一直在我的脑子里，我没有一天放弃过。50年过去了，可以说我已经实现了那个梦想。今天，我还想通过这封信告诉我其他的30位同学，只要不让年轻时的梦想随岁月飘逝，成功总有一天会出现在你面前。

气场可以让我们顺应自己的天性，只有这样才能开启通往成功的大门。

那么，你是否找准了自己的气场？要知道，每一种气场都能帮助你成功，关键就在于你是否真的借助了这样的气场来帮你实现人生的梦想。我们每个人都是一个天才，只是你自己不知道在哪方面最值得发展。

一个人成功的最好诀窍就是打造属于自己的气场。如果一个人在自己的人生坐标中，没有标出符合自己的气场，这个人可能就会在无数次的失败中变得失意和沉沦，找不到自我。善于发现、经营自己的气场，将会帮助你谱写美丽的人生篇章，这是因为经营适合自己的气场能给你的人生增值。富兰克林曾说："宝贝放错了地方就成了废物。"说的也是这个道理。

孔子初时以建立以"仁"治国的完美社会为志向。并为此周游列国，却没有成功。然而，他却是很好的老师，他的弟子遍及天下，人们推崇他为我国伟大的思想家、教育家。由此可见，只有找到自己的坐标，自身的气场才能得以发挥作用，生命的意义才能实现。

事实上，由于个人条件不同，资质各异，加上成长环境的差异和所掌握资源的不同，人与人之间，即使是兄弟姐妹之间，也是很难进行精确比较的。

每个人的气场都是不同的，因此每个人的成功之路也不尽相同。与其自寻烦恼，不如调整自己的心态，坦然一些。只要努力了，就不必对结果、对自己过于苛求，更不必感叹命运的不公。上帝是很公平的，在为你关上一扇门的同时，也会为你打开一扇窗。

一代喜剧大师卓别林，年少时因相貌不佳总是成为别人的笑柄，然而，在他的喜剧生涯中这恰恰成为一种优势，他主演的无声喜剧电影达到了无声胜有声的境界。这不得不说他那"不佳"的容貌促成了他"上佳"的表演。而我们现在，看到他的表演就想笑，也是因为，我们认同了他的独特的气场，认同了他的气场想表达给我们的东西。看到他，就好像能看到他的周围，都是笑的音符。而这，就是气场。

在人生的坐标系里，一个人如果站错了位置，那是非常不明智的，他可能会在永久的卑微和失意中沉沦。因此，找对气场坐标非常重要，它可能是你改变命运的一大财富。

有底气才能有气场

底气决定着一个人气场的影响力，底气足，则行事雷厉风行，果断有力，做人昂扬向上，独领风骚；底气不足，则畏畏缩缩，优柔寡断，让人觉得不可信，不放心，因此，做人需要底气，做事更需要底气。

底气是气场的具体体现。仔细品味我们身边的成功人士，无一不具备一定的实力。有了实力，做事、说话自然就会有底气，有了底气才能有气场。经常因一事无成而埋怨外在环境的，必定是那些自身实力不济的人。

我们来说一个著名科学家爱因斯坦小时候的故事：

爱因斯坦上小学的时候，有一次上完制作课，同学们都交了自己的作品，只有爱因斯坦没交。

第二天，他才送来一只做得很粗陋的小板凳。老师很不满意地说："我想，世界上不会有比这更糟糕的小板凳了。"

爱因斯坦回答："有的。"他不慌不忙地从课桌下面拿出另外两只小板凳，举起左手的小板凳说："这是我第一次做的。"又举起右手的小板凳说："这是我第二次做的，刚才交的是我第三次做的。虽然不能使人满意，但总比这两只强一些。"

爱默生曾经说过：自信是成功的第一秘诀。可以说，爱因斯坦的自信就是在和自己的比较中树立起来的。爱因斯坦用行动证明他是有底气的人。

底气不足表现在诸多方面，诸如破产、失业、疾病、失恋以及离婚和丧偶等。危机和挫折事件当然会给人带来极大的精神压力，但这并不是每个人最普遍的压力来源。大多数人的压力更多的是来自工作上的负担，比如任务重、工作忙，同时应酬也多，不愿意得罪人，压力太大身体受不了。在经济上也会有负担：比如贷款、子女教育及赡养老人等。工作和经济负担给他们带来了沉重的精神负担。很多人都会希望别人对自己有个更好的评价，因此极力讨好对方；同时对自己有着过高的期望，对前途和未来的迷茫，攀比，虚荣，人际关系紧张，同事之间缺乏信任，沟通不畅，等等。

当然，除了以上所列的各种负担会给人带来压力以外，其实喜事、单调与清闲同样可以给人带来压力。喜事方面，比如结婚、怀孕、生子、乔迁、晋升、毕业等；单调与清闲方面，如过于轻松或一成不变的工作、过长的假期等，同样也会让人感受到无形的压力袭来。

生理学家发现，压力会使人大脑分泌出一种叫"去甲肾上腺素"的荷尔蒙。适度的压力，会令这种荷尔蒙少量分泌，对人体健康有利，甚至会成为人前进的动力。压力成为动力当然是最理想的结果，但人所能承受的压力毕竟是有限的。压力过度，"去甲肾上腺素"就会分泌过量，让人脑部肌肉收紧，血流不畅，从而破坏人身体的良性运转。

当然，有压力不完全是坏事，我们说事物的好坏是相对的，有的人因为有了压力，就有了动力。有了向上的动力，自己的底气就会很足，从而成为一个有气场的人。

春秋战国时期的大说客苏秦，曾经在半神半人的鬼谷子门下拜师学艺。出师后先去游说家乡洛阳的东周之君周显王，周显王不信任他，只好远赴秦国游说秦惠王，结果因为秦惠王"方诛商鞅，疾辩士，弗用"（《史记·苏秦列传》语）。

苏秦只好灰头土脸地回了家。

在家里，妻子不把他当丈夫，嫂子不把他当叔叔，父母不把他当儿子……苏秦毫不灰心，翻箱倒柜，找出了一本名为《太公阴符》的书，于是有了流传至今的"头悬梁，锥刺股"的佳话，经过一年反复的琢磨和演习，苏秦再次周游列国，这次获得了巨大的成功。

从苏秦的事例中我们可以看出，最初的时候，遇到了事业上的压力。学业有成之后，没有得到君王的赏识，心情受到打击，气场很弱；回到家中，亲戚朋友看到他一事无成，也远离他，竟然连自己的父母也不把他当儿子，感情上受到了巨大的打击，精神压力增大。但是，这些压力都没有能够压倒他，反而成为他战胜困难的动力。通过自己的不断努力，苏秦成为才华横溢的外交家，言语间也非常有底气。君王重用他，贵人巴结他，气场由弱变强，让曾经瞧不起他的人刮目相看。

底气是实力的外在表现，一个有底气的人才会是一个有气场的人。底气不是说有就有，必须具备真才实学、经过刻苦努力才能取得，因此，只有具备实力才能有底气，有底气自然就会有气场。

做自己气场的主人

　　人一旦陷入困境中，就非常希望能有一个人伸出援助之手，或许有人可以帮你一把，但是要知道，那只是暂时的突围，而想要真正摆脱自己的困境，只有你自己才能救自己，因为自己才是自己的救世主。

　　有一个商人，把自己全部的财产投资到一桩生意上。可是由于市场的变化无常，他把握不当，最后将全部财产都赔了进去。这时，妻子也从原来的单位下了岗，而儿子又在念书，他处在了绝境之中。对于自己的失败以及造成的损失，他一直谴责无法自拔。好多次，他都想一死了之，来逃避这种心灵的痛苦。

　　一次，他无意中在书店看到了一本名叫《简单生活》的书。这让他迫切想知道自己应该如何才能简单起来。于是他带着希望和重新振作的勇气，决定找到这本书的作者，希望能得到他的指点和帮助。

当他找到这个作者，叙述了自己的经历后，那位作者便对他说："我十分同情你的遭遇，也很能理解你此时的心情，但是我事实上，真的是无能为力，我一点忙都帮不上你。"

商人听后，心里更加沮丧，自言自语地说："看来，我真的好不起来了，一点指望都没有了。"

那位作者看到商人的样子，沉思了片刻，说道："虽然我无能为力，但有一个人可以让东山再起。"

商人立刻激动地握着作者的手说："救人救到底吧，请你赶快带我认识他。"

作者站起身来，把他领到家里的试衣镜前，用手指着镜子说："就是他，镜中的人就是我要介绍给你认识的那个人。在这个世界上，只有他才能让你重新振作起来，只要你肯坐下来，彻底认识这个人，不然，你真的是无药可救了。因为当你在没有认清这个人之前，对你自己或者这个世界来说，你都是个没有任何价值的废物。"

商人站在镜子前，看着镜子中这个满脸胡须，充满忧郁的脸，看着，看着，就哭了起来。

过了几个月，当作者再见到这个商人的时候，几乎没有认出来。他真的脱胎换骨了，干净的脸上，充满着笑容，步伐轻快，完全是一个成功者的姿态。

他对作者说："那天在你家，对着镜子让我找到了自信。如今我找到了一份收入不错的工作，妻子也重新上岗，薪水也不错，儿子也考上了大学，我想用不了多久，我就会东山再起。"他还很风趣地对作者说："等到我再起的时候，我就找你去，并付给你一笔报酬，这是你应得的报酬。因为是你介绍我重新认识了我自己，使我对人生对自己充满了信心。"

从故事中可以看出，作者在商人失意的时候，没有给他讲一堆复杂的人生道理，只是告诉他一个简单的真理：无论陷入了哪种困境，能够让我们振作起来，重新恢复生活勇气的，不是优秀的作者，也不是复杂的哲学家、心理学家，而是一个真实简单的自己。

世界上没有什么救世主，在遇到任何事情的时候，只要你换一种思维，用新的眼光去看待生活，你就会发现，其实有些事情是很简单的，完全可以战胜它，重新来过。

智慧让气场由弱变强

不可否认，智慧在很大程度上决定着一个人气场的大小和强弱。同时，智慧还是一个人获得成功、提升气场的重要源泉。一个才华横溢的人，如果缺乏智慧，即便上通天文、下知地理，对他气场的提升恐怕也无济于事。

《围炉夜话》中指出："为人循矩度，而不见精神，则登场之傀儡也；做事守章程，而不知权变，则依样之葫芦也。"同理，一个优秀的人也敢于打破常规，也善于变通。

善于变通，不仅仅指工作态度的转变，也指思维角度的变换，只要善于转变思维，就能改变所处的境遇。

从前，有一位国王，他独眼缺手断脚，却觉得自己雄姿英发。为了能让后代子孙瞻仰自己的英姿，他发布告示请全国最好的画家给自己画一幅画像。

最后，他从应征的画家中挑选了三个画技最高的候选人出来。

第一个画家将国王画得栩栩如生，很逼真，很传神。但是，国王看了之后很生气，说："画像上的我，和残疾人没什么两样，怎么可以传给后人！"于是就把这位画家给杀了。

第二位画家因有前车之鉴，不敢据实作画，就把国王画得四肢健全，英俊无比。国王看了之后更生气，说："这个不是我，你是在讽刺我吗！"又把他给杀了。

第三位画家画了一幅国王单腿跪下、闭住一只眼、侧身瞄准射击的肖像画，把国王的缺点全部掩盖，结果国王大大地奖赏了他。

有时胜利者和失败者在技艺、能力上的差异并不是很大，而最终谁更有智慧，谁就会成功。智慧可以提升一个人的气场，可以让人在关键时刻扭转局面。有智慧的人，总会得到别人的尊重，而他的气场也会比平常人要强得多，他也会比普通人更引人注目。

古希腊有位著名科学家叫阿基米德。他有许多创造发明，大家都很尊敬他。这天，罗马侵略者乘着一艘战船，又来攻城了。青壮年都不在，城里只有老人、妇人和孩子。大家都吓坏了，来找阿基米德，要他想办法把敌人赶跑。

阿基米德走上城墙。他看见罗马战船越来越近，近到看得出船上的风帆不久前刚上过油。阿基米德抬头望天，阳光很强烈，照得人眼睛都睁不开。于是他灵机一动，高兴地说："有办法啦！放火烧船！"

于是，他指挥大家一起行动，叫大家每人拿一面镜子对准战船。用千余面镜子反射阳光，并把它们反射的光线集中到一个点——敌船的风帆上，使其温度迅速升高，上过油的风帆很容易就起火燃烧了。敌人防不胜防，只好纷纷跳水逃命。

智慧是一种力量，它可以激发人体内在的潜能。每个人的身上都潜伏着巨大的力量，这种能量一旦被激发，就会给人生带来无法想象的巨大改变，而智慧就是激发这种能量的导火索。一旦一个人意识到这种力量的存在，并开始以更加积极的态度运用它，就能够改变自己的整个人生。

智慧，是让气场由弱变强的助推器。如果你有着很高的才华，那么智慧会让你的才华绽放出更多的光彩。只要比别人更加智慧，那么成功对于你的就会变得更加简单，因为你拥有着智慧。让我们看一下下面的小故事，在这个故事中，主人公运用自己的智慧，不但增强了自己的气场，同时也用智慧化解了尴尬。

温莎公爵除了不爱江山爱美人的传奇故事外，还有许多不为人知的小故事。

有一次，英国王室为了招待印度当地居民的首领，在伦敦举行晚宴。其时还是皇太子的温莎公爵主持这次宴会。

宴会上，达官贵人们觥筹交错，气氛融洽。可就在宴会结束时，出了这么一件事。侍者为每一位客人端来了洗手盘，印度客人们看到那精巧的银制器皿里盛满了亮晶晶的水，以为是喝的水呢，纷纷端起来一饮而尽。作陪的英国贵族目瞪口呆，不知如何是好，大家纷纷把目光投向主持人。

温莎公爵神色自若，一边与客人谈笑风生，一边也端起自己面前的洗手水，像客人那样"自然而得体"地一饮而尽。接着，大家也纷纷效仿，本来要出现的难堪与尴尬顷刻间释然，宴会获得了预期的成功。

人生要想卓越、要想成功，就必须拥有积极的态度。有了积极的态度，人的心智才能更加清晰，明确地知道胜出的方向。要记住，在这个世界上，没有人能模仿你的才华、复制你的能力，抄袭你的成果。无论在任何时候，你要充分伸展你的个性，因为这是你获得成功的资本。

有句名言说："一个人的思想决定他的为人"，我们也可以说，一个人的智慧决定他的一生。气场是智慧绽放的花朵，成功与失败是智慧结下的果实，因此，一个人收获的是成功还是失败，完全取决于自己的智慧。智慧造就个性，智慧往往能让他的能力尽情绽放，无论他身处何地，身处何境，只要端正态度，他的能力迟早会放射光芒。

第二章

做个有气场的人，
其实也很简单

拥有王者的气场

森林里，狮子之所以为百兽之王，是因为狮子拥有王者的气场——狮子敢于把比它们更大的动物当成猎物，狮子蔑视一切对手，它们从不畏艰险，所以狮子才能永坐王者之位。

气场是一种力量，它可以激发体内的潜能。人和动物的身上都潜藏着巨大的能量，这种能量一旦激发，就会带来无法想象的震撼，而气场就是激发这种能量的导火索。一旦你意识到这种力量的存在，并开始以更加积极的态度运用它，你就能够改变整个人生。

所以，一个人要想成功，就必须保持自己独立的个性，而个性也是人生气场的一种表现。在工作和生活中，要想取得成功，也要具备狮子那样的王者气概，追求自己个性的实现，这样才有利于自己事业的发展。

中学时期，比尔·盖茨和艾伦建立了"湖畔编程小组"，为当地公司开发软件。当艾伦企图独自承揽业务时，比尔·盖茨同他发生了第一次争吵，并离开了公司。但艾伦很快发现个性独特的比尔·盖茨是不可缺少的，便又邀请比尔·盖茨回来工作。

"我回来工作可以，"比尔·盖茨告诉艾伦："但我要当负责人，我会习惯当负责人的。从现在开始，与我打交道会很难缠，除非我当负责人。"

罗伯·格雷瑟曾在微软担任过经理，他说，起初自己很钦佩比尔·盖茨的远见，"但比尔·盖茨太无情，他是'物竞天择，适者生存'的达尔文主义者。他寻求的不是双赢，而是想方设法让别人失败。在他的眼里，成功的定义是消灭竞争，而不是创造杰出。"

"如果我不是冷酷无情的话，我们能生产出更具创新性的软件吗？我们宁愿消灭竞争对手而不是培育市场？这是彻头彻尾的谎言。"比尔·盖茨这样说，"是谁培育了这个市场？是我们，是谁经受住了比我们规模大10倍的公司如IBM的攻击？"他指着每位竞争对手的名字说，"他们的竞争性一点也不比我们逊色。我们获胜是因为我们雇用了最聪明的人。我们根据用户的反馈不断改进自己的产品，直到它们尽善尽美为止。每年我们都举行研习会，思考世界该往哪个方向发展。"

一个人的信念、能量是可以改变气场的。这正是比尔·盖茨的与众不同之处。也正是比尔·盖茨的这种独特气场，决定了微软的发展方向。

一个人的气场是围绕人体的巨大磁场，他吸收了你成长中所有的得与失，包括你的性格、学识、教养、专业、品位，成长环境、家庭背景等，当然，还有你的外貌。这些物质经过各种方式的变化组合，形成一种独特的能量。这种能量以各种形态附着于我们，形成了你独特的存在形式。因此说，一个人的气场就代表了一种性格。

个人气场如同磁场一样，气场相投的，就会相互吸引、相处融洽；反之，则可能出现争执、相互无法沟通等难堪的局面。

比尔·盖茨的成功告诉我们：一个人的出世并不是随意来到尘世，要相信自己生来应为参天大树，而非草芥，所以，从此一定要竭尽全力向绝顶之峰努力攀爬，将自己的气场发挥到最大限度。只要努力提升自己的气场，才可以与众不同。

气场是一种先天能量，强大的气场能够感染，还会带动周遭人群情绪，这种能量还是发光体，让周围人的注意力不自觉地集中到自己身上。

可以说，宇宙中任何物质的存在都有气场伴随，而气场的性质千差万别，用最简单的分法可以分为阴阳二气。

实际上，世界上没有两个完全相同的气场，而且气场的性质和强弱是可以随事物本身及周围环境的变化而不断变化。一个大的气场可以由若干个小气场按照特有的方式组合而成，达到一个动态的平衡，相邻气场与气场之间也是互相影响的，其主要表现形式是相互之间不断的排斥同时又不断地彼此同化。

"气场"就是一个人处理和对待问题时，能发挥主观能动性，忽略不重要细节对整体的影响而做出正确的决定或选择，关键是其能够显示自我才干，自我思维，自我特点。从不拖泥带水也是魄力的一个重要表现，从容，干练，有一定的鼓动性或者说是带动性。气场就是这种人格魅力。

今日的职场竞争空前激烈，每个人都恨不得在职场上拥有超强的人气。所谓"人气"就是更多的人对其聚焦般的关注，就是"抢手货"，如果用一种标准来衡量，现在最流行的尺度就是"气场"。

超高"人气"归根结底都是由气场所决定的。每个人都有机会在特定圈子或范围内成为"知名人士"，其中成功主要取决于你是否愿意和有无气场。比尔·盖茨、乔布斯、马云……这些具有超强人气的人，无不是业内的知名人士。他们之所以能够干出一番事业，成为某个行业的领军人物，身边有众多的有能之士，是因为他们都拥有极强的个人气场。

许多人最终没有成功，不是因为他们能力不够、诚心不足或者没有对成功的渴望，而是气场太弱。这种人做事时往往虎头蛇尾、有始无终、草草了事，他们总是对自己目前的行为产生怀疑，永远都在犹豫不决之中，而这些弱点，都削减了他的气场，影响到气场的发挥。

取得成功、获得幸福只有一条路，那就是按照自己的态度去生活，有了自己的态度，才能拥有气场。改变你的气场就能改变你的人生。那些成功的人士与平庸之人，最大的不同就在于气场。

因此，一个人的工作状态、人生的方向完全受控于个人生存气场的牵引。一个人在工作生活中所秉持的气场是一股无形的力量，左右着你的每一次选择，最终也决定了你的一生。

意志力，强气场的第一要素

　　拥有坚强的意志力是打造强气场的先决条件，也是强气场的第一要素。因为意志力坚强的人往往会坦然面对和应对各种困难和挫折，找到解决问题的方法。但是很多父母对孩子一味溺爱，替孩子做好所有的事，从而减少了年轻人成功的机会。

　　罗素·康维尔博士说："古往今来，对于成功秘诀的谈论实在是太多了。但其实，成功并没有什么秘诀。成功的声音一直在芸芸众生的耳边萦绕，只是没有人理会它罢了。而它反复述说的就是一个词——意志力。任何一个人，只要听见了它的声音并且用心去体会，就会获得足够的能量去攀越生命的巅峰。"

　　在面对困难和挫折时，意志力强的人绝不轻言放弃，更加不会狼狈退却，而是凭借刚毅的性格知难而进，越挫越勇。意志力强的人拥有一般人没有的、令人羡慕的坚强精神，因而也就打造了自己的强气场。

埃默森教授说：这世界只为两种人开辟道路，一种是有坚定意志的人，另一种是不畏惧险阻的人。而这两种人必须同时具有的品质就是自信。的确，一个自信的人，是不会恐惧艰难的。尽管前面有阻止他前进的障碍物可阻止他人，却不能阻止住意志坚定的人的脚步。

贝多芬生于德国波恩的一个非常贫困的家庭。贝多芬的父亲是当地宫廷唱诗班的男高音歌手，一生庸庸碌碌并且嗜酒如命；母亲是宫廷大厨师的女儿，一个善良温顺的女性，婚后备受生活折磨，在贝多芬17岁时便去世了。

艰辛的生活剥夺了贝多芬上学的权利，他自幼表现出的音乐天赋，使他的父亲产生了要他成为音乐神童的愿望，成为他的摇钱树。贝多芬从4岁起就无时无刻练习羽管键琴和小提琴。8岁时贝多芬首次登台，获得巨大的成功，被人们称为第二个莫扎特。

1800年，在他首次获得胜利后，一个光明的前途在贝多芬的面前展开。可是贝多芬发现自己耳朵变聋了。

贝多芬热爱钢琴，但是对于一个音乐家来说，没有比失聪更可怕的了。28岁时他的听力开始衰退，晚年失聪，孤寂的生活并没有使他沉默和隐退。

贝多芬一生坎坷，却完成了一百多部作品。

90%以上的人不能成功，为什么？因为90%以上的人不能坚持。坚持的心态是在遇到坎坷的时候反映出来的，而不是顺利的时候。遇到瓶颈的时候还要坚持，直到突破瓶颈达到新的高峰，拥有坚强的意志力，就会化苦难为荣耀，打造自己的强气场。

在意志行动中，人们为了实现确定的目的，总是要和外部困难（如阻力、缺乏必要的条件）和内心的障碍（如自信心不足、内心矛盾）进行斗争，否则就难以实现。意志品质恰恰是在和困难斗争的过程中逐步培养起来的，意志品质的培养也同时提升了气场的强度。

一位法国作家曾说："所谓意志力，就是为实施某一行动而做出的选择。"这种说法其实并不十分准确，因为做出选择的是人而不是意志力本身。但从广义上讲，也可以将意志力定义为选择"一个人应该做什么"的力量。这种力量会排除障碍物，然后继续前进。尽管路上有使人跌倒的滑石，但自信的人，行进时步步扎实，再艰难的路也奈何不得他。

斯蒂芬·威廉·霍金，出生于伽利略逝世周年纪念日，剑桥大学应用数学及理论物理学系教授，当代最重要的广义相对论和宇宙论家。20世纪70年代他与彭罗斯一道证明了著名的奇性定理，为此他们共同获得了1988年的沃尔夫物理奖。他也因此被誉为继爱因斯坦之后世界上最著名的科学思想家和最杰出的理论物理学家。

霍金的生平是非常富有传奇性的，在科学成就上，他是有史以来最杰出的科学家之一。他担任的职务是剑桥大学有史以来最为崇高的教授职务，那是牛顿和狄拉克担任过的卢卡逊数学教授。

他拥有几个荣誉学位，是皇家学会会员。他因患卢伽雷氏症（肌萎缩性侧索硬化症），禁锢在一张轮椅上达数十年之久，他却身残志不残，使之化为优势，克服了残废之患而成为国际物理界的超新星。他不能写，甚至口齿不清，但他超越了相对论、量子力学、大爆炸等理论而迈入创造宇宙的"几何之舞"。尽管他那么无助地坐在轮椅上，他的思想却出色地遨游到光裹的时空，解开了宇宙之谜。

面对困难挫折，关键就看有没有战胜它的勇气。对于缺乏勇气的人来说，困难是可怕的，你越畏惧，困难就越发不可逾越；相反对于信心十足的人来说，困难就是成功的加速剂，它可以让你蹦得更高、跳得更远。当遇到困难的时候，必须要有坚强的意志，只有这样才能化苦难为荣耀，才能打造你的强气场。

一个人要学会独立地生活，要减少对父母的依赖，要有意识地去独立完成或承担一些力所能及的事情。坚强的意志力要在年轻人独自克服困难的过程中形成，进而打造年轻人的强气场。

有一样东西比聪明的脑袋更重要，那就是人的心灵和意志，一个人的贫穷很大的程度是心灵的贫穷，一个人的成功很大程度是意志的成功！

拥有这种性格的人，能够很好地把握住自己的命运。只有具有这种意志，气场才会更强，才能走过艰难、走过坎坷，并且获得最终的成功。

美国前总统罗斯福，当他还是参议员时，潇洒英俊，才华横溢，深受人们爱戴。有一天，罗斯福在加勒比海度假，游泳时突然感到腿部麻痹，动弹不得，幸亏旁边的人发现和挽救及时才避免了一场悲剧的发生。

经过医生的诊断，罗斯福被证实患上了"腿部麻痹症"。医生对他说："你可能会丧失行走的能力。"罗斯福并没有被医生的话吓倒，反而笑呵呵地对医生说："我还要走路，而且我还要走进白宫。"

第一次竞选总统时，罗斯福对助选员说："你们布置一个大讲台，我要让所有的选民看到我这个患麻痹症的人，可以'走到前面'演讲，不需要任何拐杖。"

当天，他穿着笔挺的西装，面容充满自信，从后台走上演讲台。他的每次迈步都让每个美国人深深感受到他的意志和十足的信心。后来，罗斯福成为美国政治史上唯一连任四届的伟大的总统。

意志是一个人在获得成功的过程中，所表现出的一种品德；是实现自我价值过程中的精神力量；是你在学习和生活中需要进一步强化的。

因此，当一个人拥有意志力时，就会表现出巨大的力量，但如果面对的是某些事件连续的全过程，或者是一生宏伟的目标，它又可能是力不从心的。

换言之，一个人的决心如果常常是不坚定的，那么他就更无法在长期的、一系列连续的工作中保持坚强的意志力，也不可能有毅力去实现远期的工作目标。因而，训练个人意志力，提升个人意志力，对于一个人去赢得人生的成功，是至关重要的。只有拥有坚强的意志力，才能实现成功，打造出自己的强气场。

心态，可以扭转弱气场

　　一个人拥有好的心态，表现出来的就是强气场，如果是不好的心态，表现出的就是弱气场。人类的心态具有某种无法破解的神秘力量。

　　作为人类思维的一种能力，心态对我们每个人来说无疑是一种熟知而又实用的东西。尽管有些人否认人类具有精神性，但却从来没有人对意志的力量产生过怀疑。尽管很多人对心态的源泉、原理、功能、局限性以及其积极作用有着不同的看法，但所有人都认同这样一个看法：心态是人类精神领域一个不可分割的组成部分，进一步讲，在我们每个人的生命之中，心态都发挥着异常重要的作用。

　　人与人之间只有很小的差别，但这种很小的差别却往往造成巨大的差异，很小的差别就是所具备的心态是积极的还是消极的，巨大的差异就是成功与失败。也就是说，心态是命运的控制塔，心态决定我们人生的成败，调整好心态，就会改变自己的弱势，也就会扭转了局面。

有一个小和尚，立志要做一个主持。然而主持却要他担任撞钟一职，半年下来，小和尚觉得无聊至极，"做一天和尚撞一天钟"而已。

有一天，主持宣布调他到后院劈柴挑水，原因是他不能胜任撞钟一职，小和尚很不服气地问："我撞的钟难道不准时、不响亮？"

老主持耐心地告诉他："你撞的钟虽然很准时，也很响亮，但钟声空泛、疲软，没有感召力。钟声是要唤醒沉迷的众生，因此，撞出的钟声不仅要洪亮，而且还要圆润、浑厚、深沉、悠远。"

当相关的人、事、物和我们的价值观有差距时，我们会想通过行为让这些客观事物尽量和我们的价值观一致。这时候，我们心态的能量又被激发了。好的心态，事情还没有开始，就已经扭转了弱势，已经是成功的一半了。好的心态，是打造强气场的内在动力。

除了心态，没有任何外在的力量能统治我们，这就是心态具有的巨大能量，也是我们要修炼心态的原因。

　　曾经有一个重点医科大学毕业的应届生，他对将来充满了困惑，他每时每刻都在苦恼，因为他觉得像自己这样学医学专业的人成千上万，而现在的竞争如此残酷，究竟自己的立足之地在哪里呢？

　　的确，要想就业于一个好的医院，就像千军万马过独木桥，难上加难。这个年轻人没有如愿地被当时著名的医院录用，就到了一家效益不怎么好的医院。可是从那时起，他就下定决心一定要做出成绩，医院可以不出色，自己的工作也可以平凡，但他一定要全力以赴去争取成功。

　　就是这种决不平庸的态度，让他最后终于成为一位著名的医生，还创立了世界驰名的约翰·霍普金斯医学院。

　　他就是威廉·奥斯拉。他在被牛津大学聘为医学教授时说："其实我很平凡，但我总是脚踏实地在干。从一个小医生开始我就把医学当成了我毕生的事业。"

　　我们生存的外部环境，也许不能选择，但另一个环境，即心理的、感情的、精神的内在环境，是可以由自己去改造的。

　　成功的不一定都是企业家、领袖人物。成功，是指方方面面取得的成功，其标志在于人的心态，即积极、乐观地面对人生的各种挑战。成功的前提条件就是一定要有好的心态。好的心态是成功开始，一个有好的心态的人也会有强气场。

同样的生活环境，为什么有人可以很成功，事业出色，生活美满，而有的人忙忙碌碌却无所作为，贫困潦倒？我们说两者的区别就在于心态，没有好的心态，就没有强有力的气场，就不能取得最后的成功。在这个世界上成功卓越者少，失败平庸者多；成功卓越者活得充实、自在、潇洒；失败平庸者过得空虚、艰难、猥琐。

人与人为什么如此的不同？到底是什么因素决定了我们每个人不同的命运？

仔细观察，比较一下成功者与失败者的心态尤其是关键时候的心态，我们就会发现心态导致人生惊人的不同。

一位失意的人去拜访禅师。他问禅师："我这辈子就注定这么过吗？您说真有命运吗？"禅师说："有。"

禅师让他伸出左手指给他看，一面还说："你看清楚了吗，这条斜线叫事业线，这条横线叫爱情线，这条竖线叫生命线。"

然后禅师又让他左手慢慢地握起来，握得紧紧的，问他："你说这几条线现在哪里？"

那人说："在我的手里呀。"

禅师说："对，命运就在你的手里。静下心来，调整好你的情绪和心态吧。"

那人恍然大悟，谢了禅师而去。

有些人总喜欢说，他们现在的境况是别人造成的，环境决定了他们的人生位置，这些人常说他们的想法无法改变。但是，境况并不是周围环境造成的。说到底，如何看待人生，由我们自己决定。

命运对每个人而言都是公平的，所以我们不要对上天有所抱怨——生活让每个人都有自己的烦恼和压力。也不要被烦恼和压力所控制，而是要学会去控制压力和烦恼，调整好自己的心态，扭转我们的弱气场。如果我们不给自己烦恼，别人也永远不可能给烦恼我们的，因为内心是由自己所控制的。

法国曾经有个大亨于1998年去世，他在遗嘱中把100万法郎作为奖金，奖给揭开贫穷之谜的人。

在45，860十一封来信中，只有一位名叫海蒂的小姑娘猜中谜底。那个小姑娘说：穷人最缺的是生活态度！

这个谜底震动了欧美，几乎所有的富人都承认：没有正确的财富态度就没有今天的财富。

当遇到问题时，是从积极的角度还是消极的角度去思考问题，得到的结果是截然不同的。其实，不论是积极的心态还是消极的心态，归根结底就是价值观的不同，也就是指一个人对周围客观事物的意义、重要性的总评价和总看法。简单来说，就是我们认为这个人应该怎样，我们认为这件事应该怎样，还有这个东西应该怎样。

总之，你的心理就是你的恒定的法宝。它的一面装饰着"积极的心态"五个字，另一面装饰着"消极的心态"。积极的心态具有吸引真善美的力量，同时也会提升你的气场，扭转你的弱势；而消极的心态则完全排斥它们，降低你的气场。因此，正是消极的心态剥夺了一切使你的生活有价值的东西。

可以说，能否养成积极的思维方式，是一个人能否成功的关键。

独特个性，魅力的气场

　　事业有成、生活顺心、具有独特个性、拥有引人注目的气场……相信每个人都希望自己具有这些特质。追求这些美好愿景的人中，能全部实现的人却只有一少部分。很多人都在研究别人是怎么成功实现愿望的，眼睛一直都盯着那些成功者，而这样做的缺点就是，简单地模仿别人外在形式上的东西，让自己成为一个复制品。这样的人，无法领略别人成功的真谛，结果丧失了自我，常常与成功擦肩而过。

　　其实，我们学习别人的成功，最重要的，是应该学习他们是如何修炼自己的气场的。我们需要学到修炼气场的方法，来打造一个属于自己的魅力气场。

　　有位富豪说了这么一句话："老板的血和老板的骨髓与常人的是有区别的，老板天生就是不会安分的人"。我们也可以说，老板的气场是与常人有区别的。事实上，成功是一个人自我实现的过程，它更多地取决于追求者自我的个性。你的独特个性就是你的魅力所在，它让你形成与众不同的气场，并让你的潜力最大限度地发挥出来。

成功的过程，是一个形成并保持自己独特气场的过程。

人人都有个性，每个人的个性都不相同。个性贯穿着人的一生，影响着人的一生。人的个性中所包含的追求、理想、信念、价值观，指引着人生努力的方向和目标。盲目跟风，人云亦云，依葫芦画瓢，有一天就会迷失自己。

那么，也许有人会问，究竟什么才是个性？举个例子：在日常的人际交往中，我们会发现，有的人行为举止、音容笑貌令人难以忘怀；而有的人则很难给别人留下什么印象。有的人见过一面之后，就会给别人留下长久的回忆；而有的人尽管朝夕相处，却从未在周围人们的心中留下可圈可点的事迹。出现这种现象的原因就是个性的气场在起作用。

所谓个性就是个别性、个人性，就是一个人在思想、性格、品质、意志、情感、态度等方面不同于其他人的特质。一般来说，鲜明的、独特的个性容易给人留下深刻的印象，而平淡的个性则很难给人留下什么印象。没有个性的人，他的气场也就没有吸引力。所以，每个追求成功的人，都必须充分了解自己的个性特点，扬长补短，同时也要在追求成功的过程中不断完善、健全自己的人格个性。形成独特的个性，才能打造出有魅力的气场。

今天的世界是一个开放的世界，这是一个追求独立、自由、张扬个性的时代，成功也以有主见为前提条件。

有这样一个故事：

一只小麻雀飞到森林里，看到了一只孔雀，它觉得孔雀的翅膀是如此美丽。再看看自己这么丑、这么小的翅膀，自卑感油然而生。

到了晚上，小麻雀做了一个梦，在梦里它变成了一只美丽的孔雀，于是兴高采烈地展现自己的翅膀。突然有一只狼迎面扑来，小麻雀努力地振翅想逃，却发现自己已经不能飞翔，吓得它惊醒过来。

小麻雀心想：还好这只是个梦。

又有一天，小麻雀飞到一座高山上，看到老鹰飞得好高好高，真是威风，自己跟老鹰比起来真是太渺小了。

不一会儿，小麻雀靠着枝干睡着了，梦见自己变成了老鹰，自由翱翔，但是，以前的好友却都离它而去，不敢再与它为伍了。它突然觉得好孤单，还是当小麻雀的日子比较快乐。

醒来后，它庆幸自己还是一只小麻雀。

做一个独一无二的人：有个性，活自我，不人云亦云、随波逐流，我就是我，任何雷同，都会使其中的一方失去其存在的意义，所以，可以模仿别人，但千万不要让自己成为别人。

英国财政大臣杰弗里·豪在回忆英国历史上第一位女首相撒切尔夫人时，说："无数的日本人，包括许多妇女，都被撒切尔夫人的魅力所倾倒。他们目光中流露出的好奇和钦佩之情是难以用语言描述的。"这是何等的魅力。在像英国这样社会观念极为保守的国家中女性要成为领袖，需要更多的自信和勇气，需要付出更大的努力，重要的是撒切尔夫人一直坚持自己独特的个性，打造出了自己特有的魅力气场。

撒切尔夫人上任后首先面对的就是经济问题，面对当时英国糟糕的经济状况，撒切尔夫人决定大幅度削减公共开支。她降低了标准税率，同时大幅提高了增值税率。她的做法遭到财政大臣和绝大多数内阁成员的反对，甚至有人以提出辞职相要挟，有数百名经济学家说这样将导致英国经济的崩溃。但是撒切尔夫人坚持认为自己的方案是符合经济规律的，一定会在不久后取得成效。

她并没有因众多反对的声音而丧失自己的气场，她说："你知道，为了这个方案，议员们会逼我下台。即使那样，我也不后悔，我知道我所做的是完全正确的。"

之后英国经济连续八年不断增长的事实证明了撒切尔夫人的决定是正确的，她以自己强烈的个性和我行我素的风格，开创了英国政治历史的先河。

个性魅力是任何一个渴望成功的人都应该具备的品质，也是成功必须坚持的原则。撒切尔夫人以独特的"铁女人"的个性，带领因为墨守成规而停滞不前的国家创造了辉煌。所以说，成功者都坚持自己独特的个性，都有超凡的人格魅力。他们具有高瞻远瞩的眼光和远见、过人的胆略和魅力、常人不具备的毅力和意志、独立的经济能力、独立的人格、独立的思维，等等。

魅力的气场让一个人能做到更有效率发挥自己的潜力，增加自己的影响力，更容易给对方留下难以磨灭的印象。有魅力的人往往在成功的道路上畅通无阻。所以拥有独特个性的人，他们永不满足，永远在追寻新的机会，他们能使周围的人们振奋不已，他们敢于迎击大风大浪，从不推卸责任。

个性的魅力是从一个人的言谈举止、说话语气、态度亲疏和可靠程度等方面表现出来的。有些人尽管年纪已经很大了，但魅力仍然不减当年，因为一个人的魅力既来自外表，更来自心灵。

有位著名的企业家在大学生讲座上说："当你到一家公司面试时，面试官会注意你的衣服、你的发型、你的鞋子、你的样貌。人们常常重视匆匆一瞥的印象，而我认为，最看重的应该是你的个性。我需要找那种无法描写的气质，你能吸引人的气质。"个性让你具有与众不同的气场，可以增加个人的魅力，也可以帮助个人取得更多的机会，获得更多的人脉，增加个人的竞争力，所以可以吸引很多人。

在人群中，你的出现能够吸引大众的目光，能让大家忘记时间的流逝，这就是魅力的气场。看重自己，你就会发现，其实自己并非一无是处，保有自己的特性，做个充满自信的人！

总之，想要成为什么样的人，就试着把自己的气场打造成理想的状态。希望我们都能认清自己，拥有自己独特的、个性的魅力气场。

敢于决断，有魄力的气场

在人生的长河中，每个人都会有自己的关键时刻，这些时候就是改变某些人一生命运的时刻，关键看当事人是否能稳妥地处理好，是否敢于拍板拿主意，是否果断地处理问题，表现出非凡的决策能力。一个人的气场，能否体现出他的魄力，是人生能否成功的标志之一。

任何人的成功都离不开理智的思考和果断的决策。当我们有了一个目标，当我们想做某一件具体的事情时，都不能犹豫不决。

曹操曾说过："夫英雄者，胸怀大志，腹有良谋，有包藏宇宙之机，吞吐天地之志也。"

曹操为了考验曹丕和曹植谁更能担当重任，就让他们出辕门，又故意让守门士兵不放人过去。后来杨修给曹植出了个主意，就让曹植说："我奉丞相之命，有阻拦者斩"。

就凭这一句话，曹植得到了曹操的重用。

成大事者在看到成功即将到来时，一定要敢于做出重大决断，取得先机。曹操的这番考验更是印证了这个道理。因为成大事者要敢于自己做决定，要有魄力、有胆量。曹操考验的就是两个儿子的魄力。而要想成就一番事业，最需要的恰恰也就是这种魄力。

拥有一个有魄力的气场，你需要具备快速反应、快速判断、快速取舍、快速行动、快速修正的综合能力。凡成大事者，都要具有非凡的魄力。倘若一个人的气场是弱小的、犹豫的，那么就会缺乏敢于决断的手段，总是左顾右盼、思前想后，从而错失成功的最佳时机。

草原上，有一头驴子饿得肚子咕咕直叫，于是它到处寻找吃的东西。很快它发现一个山坡的左边和右边各有一堆草。于是，它跑到了左边那堆草边。可审视一番后觉得没有右边那堆草多，所以，饿着肚子跑到右边去。

可到了右边以后，它又发现没有左边那堆草的颜色青；

想了想，它还是回到了左边。

就这样，一会儿考虑数量，一会儿考虑质量，一会儿分析颜色，一会儿分析水质，犹犹豫豫，来来回回。

最后，这只可怜的驴子，饿死在选择的途中。

没有魄力的人不能目不斜视，总是思前想后，从而错事成功的最好机会。

"魄力"就是指一个人在处理和对待问题时，能发挥主观能动性，忽略不重要的细节对整体的影响而做出正确的决定或选择，关键是能够显示自我才干，具备独立的思维，不拖泥带水，从容，干练，有一定的鼓动性或者说是决断性。

一般说来，一个人在做事前能否当机立断往往直接决定胜败。这就告诉我们，在遇事时要冷静分析，敢于决断，千万不要踌躇。

然而，虽说气场可以给我们决断的魄力，但更重要的是，在决断后要踏踏实实地去做。

日本经营之神土光敏夫说："决断就是要不失时机。该决定时不决定是最大的失败。即使一个100分的方案，如果误了时机，结果也就能得到50分了。即使是一个60分的方案，如果不失时机，有信心地及时行动，也许能得到80分的结果。"

对一个成功者而言，在他的气场中，魄力占据绝对重要的地位。毫不夸张地说，成功者的魄力是军心，成功者的气场就是遭遇挫折时的凝聚力，关键时刻要敢于决断。

魄力在顺境之中可以起到锐意进取、除旧布新、引领风骚的作用；在逆境中，或者说是在充满阻力的环境中，可以力排众议、敢作敢当。真正有魄力的人会以自己的气魄和胆识感染周围的人，从而一举获得成功。

打破自我设限，打造开放的气场

我们知道，一个人的经验非常重要，但我们也必须清楚，每个人的经验都是有限的，思考的角度也是有限的，看问题的眼光也是有限的，如果让所谓的经验制约了一个人的思维，他就会自我设限，限制自己的发展。这样他的气场会非常狭隘，不足以获得成功。

由于自己心态的开放程度不够，再加上有时会遭受外界的批评、打击和挫折，于是奋发向上的热情被"自我设限"，人们的思维便常常会受到自我心理因素的阻碍。因此，要想锻炼自己的创新思维，就必须进行自我突破，冲破长期以来形成的根深蒂固的旧观念；要想突破自我，首先要认识自我，认识阻碍创造力发展的心理因素，开放自己的气场。

有位教授曾做过这样一个实验：

在桌子上放置了满满的一杯水，满到什么程度？水面已高出杯面，呈现出一个优美的弧形，几乎就要溢出杯外。这时教授请同学们上台做试验，往杯子里加回形针。同学们刚开始时小心地加一两枚，水没有变化。三枚，四枚，水依然没有变化。

同学们不敢往里加了，生怕水溢出来。

在教授的鼓励下，五枚，六枚……直到加完了整整一盒回形针，水依然没有溢出，只是杯面上水的弧形稍稍大了一些，这引来了同学们的一阵赞叹声。

大多数人的思维方式总爱"自我设限"，在他们的习惯里有太多的"不可能"，许多事情还没有去做，自己先想当然地否决了。不战自败，这就是许多人不能成功的原因所在。

其实人与人之间，最原始的气场并没有太大的差别，只是每个人的习惯和思维方式有所不同。造成气场狭隘或是开放的根本原因来自于人们的思维方式。也就是说，我们大脑思考的方式不同，自然就会造成做事方法的不同。

拥有开放气场的人会成功，是因为他们的思维很活跃，他们敢想敢做。当然，这并不是说他们的成功中没有失败，重要的是不论遇见什么困难都不能禁锢住他们的思维。他们的气场是开放的、多元的、变化的。失败的人之所以失败，不是他们不具备成功的潜力，而是他们对自己的思维进行了自我设限。他们不敢想或不愿想，所以，就很难想出很多方法来帮助自己走向成功，自身的气场也就这样被封闭了。

有个人捉到一只幼鹰。

他把幼鹰带回家，养在鸡笼里。这只幼鹰和鸡一起啄食、散步、嬉闹和休息，它以为自己是一只鸡。

这只鹰渐渐长大，羽翼丰满了，主人想把它培养成猎鹰，可是由于终日和鸡混在一起，它已经变得和鸡完全一样，根本没有飞的愿望了。主人试了各种办法，都毫无效果，最后把它带到山崖上，一把把它扔了出去。

只见这只鹰像块石头似的，直掉了下去。慌乱之中，它拼命地扑打翅膀。就这样，慢慢地，它居然飞了起来！这时，它终于认识到自己潜在的力量，从此成为一只真正的鹰。

长期与鸡共处的鹰并非丧失了飞的能力，而是由于长期的外部环境使它习惯了这种生活方式。导致它不能飞的最重要原因是"鸡"这个标签已经深藏在了潜意识里，禁锢了飞的欲望和潜能。也就是说，这只鹰给了自己一个"自我设限"，即自我拒制、自我否定，导致原本应该是翱翔天际的气场，因为自我设限，变成了家禽的气场。

事实上，这种"自我设限"可以用心理学当中的"标签效应"解释比较好理解。

"标签效应"是美国心理学家贝科尔的理论，他认为："人们一旦被贴上某种标签，就会成为标签所标定的人。"当一个人被一种词汇名称贴上标签时，他就会做出自我心理暗示，使自己的行为与所贴标签的内容相一致。这种现象是由于贴上标签引起的，所以被称为"标签效应"。

我们观察成功者的人生经历，会很容易发现他们的气场中有一个共同点，那就是一般都不会墨守成规、故步自封。换句话说，因为他们经常不按套路出牌，才抓到了平常人没有看到的机遇，才取得了成功。所以，在我们强调用各种方式来提升气场的时候，一定不要忘记这一非常重要的环节，即拥有开放的心态。只有你展示出来的气场是开放的，你才能收获更多的助力，更容易获得成功。

用强烈的企图心聚集气场

不可否认，我们生活中遇见的绝大多数人的一生都是在平庸中度过。尽管他们并非如想象中那样懒惰闲散、好逸恶劳、愚钝不开，他们中间的很多人甚至是兢兢业业的，但是却只能扮演无足轻重的次要角色，其根本原因在于他们的气场缺乏真正的内在动力。这个内在动力就是对成功的渴望，也就是企图心。只有拥有强烈企图心的人，才能聚集起气场的霸气，才能征服各种困难，取得成功。

企图心，有人说就是野心。在许多人眼中这样的名词往往被贬为庸俗甚至含有心怀鬼胎的意思。"企图心"也经常被人暗指含有"狼子野心""图谋不轨""居心叵测"等恶意，那是因为人们只看到了企图心驱使下有些人不择手段干出的坏事，而忽视了企图心所带来的追求成功的支持力。

要知道，具有强烈想要成功的企图心，能够聚集个人气场，从而最终达到成功。

企图心本身并没有错或对，错或对的标准只在于你所追求的是什么，只要你所追求的东西是积极向上的，那么，拥有一份强烈的企图心就可以凝聚自己的气场。

不管怎么说，人活着就得有目标和企图，否则，就像一艘没有舵的船，永远漂流不定，只会到达失望、失败与丧气的海滩。

有这样一个故事：

曾经有个雇主要招聘一个孩子，他对应聘的30个小孩说："这里有一个标记，那儿有一个球，你们要用球来击中这个标记，每个人有七次机会，谁击中的次数最多，我就雇谁。"结果这些孩子都没能击中目标。

雇主说："你们明天再来，看看你们谁做得更好。"

第二天，只来了一个小家伙，并且他每次都能够击中目标。

"你是怎么做到的呢？"雇主惊讶地问。

"我非常渴望得到这份工作来为母亲减轻压力，所以，我昨天在家里练习了一个晚上。我告诉自己，无论如何，我一定要成功，结果我做到了。"

可见"企图心"是一个人充分施展自我才能、发挥自我的强烈驱动力和追求成功的最大动力。人们只有充分认识到这一点，并将其融入工作、事业和生活当中，才能得到成功，享受美好生活。

石油大王洛克菲勒也说过："做最富有的人，是我努力的依据和鞭策自己的力量。在过去的几十年中，我一直是追求卓越的信徒，我最常激励自己的一句话就是：对我来说，第二名跟最后一名没有什么两样。如果你理解了它，你就会认为，我以无可争辩的王者身份统治了石油工业不足为奇。

所以，要想成功，首先就要拿出企图心来。你可以不想成功，但你的生活并不会因此而轻松。如果你对成功有企图，你的气场会更强，会因此而生活得更好。"

这段话告诉我们，一个人的气场能否被凝聚和激发，能否取得成功，在于是否有强烈的企图心，只要具有成功的企图心，我们就有了前进的推动力，就会取得成功。

有位统计学方面的权威教授，在一次演讲时说道："大多数人在20岁的时候就已经死了。"

这时台下的听众都觉得云里雾里的，纷纷交头接耳，想猜出教授是什么意思。这时教授接着说："各位请别急，我的话还没说完，我的意思是虽然他们在20岁的时候就已经死亡了，但是直到70岁的时候才下葬。"

原来他是在指那些活着与逝去没有区别的人，一种只有躯壳存在，而精神、心灵和思想都已经死亡的人。这些人没有了追求的欲望，没有了成功的企图，所以也就没有了自己的气场，如同行尸走肉。因为他们找不到人生的核心。

实，人生最核心最重要的成功因素只有一个，那就是企图心！

如果我们回溯历史，就会更加明显地感受到这个道理。成功，永远是由那些拥有崇高志向的人创造的，只有这样的人，才能拥有成功的气场。随着企图心的增强，气场就会变得更强，就会取得成功。像莱特兄弟一样伟大的发明家，或者像曼德拉这样的社会改革家，他们都靠强烈的企图心最终实现了自己的目标。

拥有成功的企图心能够凝聚你的气场，拥有成功的企图心你才可能成功。成功的企图心会让你时刻与别人不同，让你能够激情地工作和生活；时刻给你憧憬和力量，让你感受到使命的召唤；时刻为你点燃希望的烛火，让你在黑夜中不会迷失方向。

有一个年轻人前来向著名哲学家苏格拉底求教说："我希望跟你学习，成为你的学生。"

苏格拉底说："陪我到河边去，我就知道你是不是真的想学习。"

这个年轻人有点困惑，不能理解老师的意图，但是，还是跟着苏格拉底到河边去了，他不敢问为什么。

当他们到了河边，苏格拉底把年轻人的头按到河里，并用力地压住，这个年轻人开始呛水。苏格拉底仍然把他的头压在水里，这个年轻人喝了许多的水，他开始挣扎，最后，他拼命一挣，终于把头露出了水面。

在他稍微苏醒以后，他问道："你究竟想干什么，你想把我给淹死吗？"

苏格拉底说："想要学习的人，必须要有强烈的求知欲望，这个欲望要和你在水里求生的愿望一样强烈。对成功的欲望也是如此，没有对目标的欲望，就没什么企图心，那你的气场就凝聚不起来，从而减少了成功的概率。"

企图心越强的人，目标才会越高，要求才会越严；只有在高目标、高要求的气氛中，才会有很高的气场凝聚力，能力才能提高得更快。

在日常生活或工作中，我们发现非常多的人，的确很有能力，他们有高学历，好口才，拥有一个或多个特长，但他们的状态往往并不太理想。因为没有理想、没有目标、没有愿望的人，也是那种生活没有激情、对成功没有企图心的人。

还有一些人，看起来非常不起眼，但他们表现出很强的耐力，从而赢得了大家的信任。这些人经历过一次次的失败，但是因为有梦想，从不放弃努力，是企图心造就了他们强烈的内动力，凝聚了他们强烈的成功的气场，也造就了他们成功的人生。

我们说，有志者事竟成。因此，我们做任何事，要获得成功，就要有强烈的企图心。没有人相信造物主要我们终生做庸庸碌碌的人，没有人愿意自己生来就是为了养家糊口而整日辛苦工作。我们知道，在这个世界上有许多美好的事物正等待我们去享受。要拥有这一切，就需要对成功拥有强烈的企图心。

成功的欲望有多强烈，成功的欲望有多高，决定了一个人在通向成功的路上能走多远。拥有一颗奔腾不息的企图心，会为我们的生活创造一个孕育动力的落差，时刻提醒我们去奋斗，激励我们去奋斗，去打造我们的气场。

我们说，气场可以让我们成功，但是，气场其实是无形的，有的时候，也许气场只是若有若无地体现在我们的生活中。如何能让气场聚集到更强大的能量，如何让气场发挥更大的作用呢？其实很简单，我们可以把身上散漫的、飘忽不定的气场都聚集起来，形成一个强大的气场。能够聚集气场的因素有很多，其中最有效的一个，就是企图心。

用学习力加强气场

所谓的学习力，是指把知识资源转化为知识资本的能力。今天的社会已经进入"知识经济"时代，"知识就是力量"本身也由含蓄变得直白：知识就是金钱，知识就是财富，其"力量"的现实属性更加突出，一个有学习力的人不但能够很好地学习，同时在学习的过程中还能够加强自己的气场。

时代是不断发展的，一个没有学习能力的人，会因一点点小事而消沉颓废。而不去学习，就意味着原有的技术在原地踏步，没有提高。久而久之，落后的技术就会被市场、被时代所淘汰，如果想要扭转这种局面，只有用学习力来加强气场，才不会被淘汰。

那么，如何才能提升我们的气场呢？气场的提升需要我们不断地学习。一个有知识的人，胸怀坦荡，海纳百川，他会拥有受人尊敬的气场。

想要拥有良好的气场，首先要丰富自己的头脑，这就意味着不能放弃学习。如果放弃了学习、求知，也就等于放弃了加强自身气场的机会。

培根曾经说："知识就是力量"。人生就是一个不断学习的过程，终身学习在现代社会也将成为所有人的努力目标。学问是没有止境的，我们目前所知道的，只不过是沧海一粟，因为知识更新的速度非常快。当我们停止学习后，知识水平便落后了。而我们的气场，也会逐渐被削弱。如果我们能让学习与生活相伴，那么我们的知识、修养、品位，会让气场更加强大，更能赢得认同，我们的生命也将会更丰富、更有意义。

学习是一门很深的学问，是造物主赐给每一个人的宝贝，只要我们善用它，就可以让家庭幸福，让成功水到渠成，最重要的，它可以让我们的气场得到更快的提升。

也许有人会对学习不屑一顾，认为学习不就是多看书吗？抱有这样态度的人根本无心学习，因而也不会通过用学习力来加强气场。事实上，学习也是讲究方法的。学会学习，主要是要养成良好的学习品质和具备一定的学习能力，努力使自己成为爱学习、会学习、善学习的人，从而具备终身学习的能力。

其实，学习力也是一种需要不断培养的能力。我们知道工作需要积累经验，学习力也是一样，而且学习力本身也是有一定规律的。同时，学习力的培养和做其他工作一样，需要信心、耐心与恒心。我们经常看见一些人因暂时的挫折而垂头丧气，进而对自己产生怀疑，这是没有必要的。我们所需要做的，是从失败中吸取教训，从成功中寻找经验。只有这样，才能提高自己的学习力，才能加强气场。

有人举了这样一个例子很形象：假如想搬起一块大石头，石头太沉，怎么搬都挪不动，而如果我们懂得杠杆原理，那就好办了。"杠杆原理"就是知识，这知识让我们有了力量，就可以轻松地挪动它。

因此我们说，拥有成功的气场，离不开学习、创新和务实。人生之旅，长路漫漫，但千里之行，始于足下，每一步都需要走正走实。人类社会发展到今天，是前人在实践中不断总结经验教训，进而发展为通过传播各种改造自然，征服自然的知识，推动了人类社会发展。

美国著名作家弗格森说："每个人都守着一扇只能从内开启的改变之门，不论动之以情或晓之以理，我们都不能替别人打开这扇门。"学习就是攀登奇山险峰，跌倒了再爬上去，每得到一点进步，就得到一份鼓舞，逐渐看到更为广阔的世界，直到璀璨的云端、蓝天的深处、希望的顶峰。

人生毕竟是自己的。我们的成长之门只能由自己打开，别人是无能为力的。一个人怎样看待、设想、规划自己的人生，他就将会拥有一个什么样的人生。

　　在如今这个信息爆炸的知识经济时代，知识总量迅速扩张和更替周期日益缩短，只有学会学习，才能始终把握气场的脉搏，不断加强自己的气场，不断提升自己。我们不能决定生命的长度，但可以扩展它的宽度；我们不能改变世界，但是可以改变我们的命运。而这一切的动力，都源于我们不断学习知识，加强我们的气场，用气场来改变我们的人生。

第三章

保留积极气场，
赶走消极气场

反省自己是提升气场的关键

指责别人已经成为很多人的习惯，能够反省自己却比登天还难。所以，人人都犯过错误，但很少有人能反省自己。

有这样一个故事：

古希腊时，一对夫妇因偷盗而被绑在广场上，人们万分愤怒，指责与谩骂的声音像海浪一样，一浪高过一浪。甚至，有人竟提议用石块将这对玷污人类道义的夫妇砸死，并取得了一致认可。

正当他们准备用石块砸向这对夫妇时，耶稣恰好路过广场。面对此景，他想了想便对愤怒的群众说："好吧，那么就让我们当中从来没有犯过错误的人扔第一块石头。"结果群众全都哑然了。

　　每一个人都有着自己的局限性。只有认清自己的局限性，做事才能够量力而行，才能获得成功。如果一个人太过自负，认为自己无所不能，那么他只会是自欺欺人，最终只会给别人留下笑柄。所以，在生活中，只有不断地自我反省，才可以令自己的气场逐步提升，不断地进步和成熟，从而立于不败之地。

　　在一块石头下面，有一群蚂蚁。其中有一只力量非常大的蚂蚁，而且如此大力的蚂蚁还是史无前例的，它可以非常轻松地背起两颗稻粒儿。如果论勇气的话，它的勇气也是空前绝后的，它会像老虎钳一样，一口咬住青虫，而且还敢单枪匹马地与蟑螂作战。因此，它在蚁穴里名声大起，成为众多蚂蚁谈论和仰望的对象。

　　在以后的日子里，它每天都陶醉于那些赞扬的话语里。甚至有一天它想到要去城市里大显身手，让城市人也见识见识它这个大力士。于是，它爬上卖柴的车，大模大样地坐在了车夫的身旁，像个君主一样地进城去了。

　　然而，满怀希望的大力士蚂蚁万万没有想到这一次进城却碰了一鼻子灰。它原本想象着人们会云集而来仰慕这位大力士。可是不然，城里的每个人都在忙于自己的事情，根本就没有人去理会它。于是大力士蚂蚁找到一片草叶，在地上把草叶拖啊拖的，它敏捷地翻着筋斗，飞快地跳跃，可是没有人注意，更没有人来看。

于是，当它卖力地耍完了"十八般武艺"之后，只能抱怨道："城里人太盲目太糊涂了，难道是我自以为是吗？我表演了各种武艺，就没有人给予真正的重视，如果你来到我们蚁穴里就会知道，我在蚁穴里可是声名显赫的。"

回到家里后，大力士蚂蚁经过一夜的反省，终于变得有些聪明了。

其实，现实生活中，一些人不正像这只大力士蚂蚁吗？因为耍了一些小聪明，就自以为名扬天下，幡然醒悟时才发现自己的名声不过局限于蚁穴的范围而已。

当今社会是一个飞速变化的时代，要想更好地生存和发展，就要不断地调整自己。而要调整自己，就要有自我反省的习惯。人都不可能十全十美，每一个人都难免会有个性的缺陷以及智慧上的不足，因此人也常会说错话、做错事、得罪人，这就需要懂得反省自己。

在人生的道路上，成功并不像人们想象得那样一帆风顺，要想在这条路上少犯错误，就需要不停地反省自己，培养自省意识，凡事多在自己身上找原因，这样才能不断改进，才不会迷失发展的方向。

三毛曾说过："一个肯于虚心吸收观察一切，经常反省、审察自己缺点和优点的人，在追求智慧上，就会比那些不懂得自省和观察的人来得快速多了。"

能够时时审视自己的人，一般都很少犯错，因为他们会时时考虑：我到底有多少力量？我能干多少事？我该干什么？我的缺点在哪里？为什么失败了或成功了？这样做就能轻而易举地找出自己的优点和缺点，为以后的行动打下基础。

对于任何刚开始经营事业的商人来说，最有价值的习惯就是在做出决定之前，好好地回顾一下自己的计划。这种最后的检查，也许只需要几分钟，甚至几秒钟，但收获却是很大的，它可以让人有一个机会来整理自己的思路，回想自己为什么会做出这样的决定。这就像是世界上那些非常有名的演员，他们在每次登台演出之前，虽然已经对自己扮演的角色很熟悉了，却还是要合上剧本，在心里迅速地把自己的角色重温一遍。

当然，能够正确地认识自己，其实也是一件极不容易的事情。要不然，古人怎么会有"人贵有自知之明"、"好说己长便是短，目知己短便是长"之类的古训呢？

学会"反省"，就是要反过身来省察自己，检讨自己的言行，看清自己犯了哪些错误，看有没有需要改进的地方。自省心强的人一般都非常了解自己的优劣，因为他时时都会仔细检视自己。这种检视也可称为"自我观照"，其实质就是跳出自身之外，从外重新观看审察自己的所作所为是否最佳，从而可以真切地了解自己。

在你身上，有什么是值得你反省的呢？有没有那种"只知责人，不知责己"的劣性习惯呢？在与人的交往中，你有没有做过什么对自己的人际关系不利的事呢？你与人争论时，是否也感觉到了自己有不对的地方呢？你是否说过不得体的话？

在做事方面，你今天所做的事情，是否做得得当？有没有想过怎样做才会更好？在生命的进程中，自己至今做了些什么事，有没有进步？是否在浪费时间？目标完成了多少？你是否经常这样反省自己，如果没有，从现在起开始，你就应该培养自省的习惯！

在现实生活中，有很多人经常是处于一种既自大又自卑的矛盾状态中。一方面，自我感觉良好，看不到自己的缺点；另一方面，却又在应该展现自己的时候畏缩不前。反省自我，就是要加强自我修养，特别是培养自省能力，这就是我们提升个人气场、赢得成功的关键。可以说，提升自我修养，就是提升气场的最好的方法。

人不是圣贤，都会有过失错误。但是，能不能知过即改、从善如流，却是成功者与失败者之间的最大区别。因此。我们要尽量做到"吾日三省吾身"，不断增强自己的分辨能力，在看到别人的坏习惯的同时，也能主动地反观自身，使自己及早地了解自己的习惯误区，进而加以改正。

　　时常自省，就如同对镜整衣，可以发现一个人不足之处，也可以窥见一个人思想与行为上的差错，这些都是一个人提升气场、完善自我的最好习惯。

懒惰阻碍气场的提升

懒惰本身虽是指迟缓或迟钝的意识或行动，但影响作用绝不仅仅如此。懒惰会阻碍气场的提升。一个人无论有多好的天赋、多高的智商、多么优越的条件、多么强的气场，如果他不勤奋努力，怕吃苦受累，就会流失自己的气场，就永远不可能走向成功。任何宝典，如果不勤奋地去研究发现，永远也不可能转化为财富。懒惰不仅使自己处境窘迫艰难，更会殃及他人。

查斯特·菲尔德曾说过："只有懒惰才能使人精神沮丧，万念俱灰。"在查斯特·菲尔德看来，懒惰是一种恶劣而卑鄙的精神重负，懒惰会吞噬人的心灵，使其对那些勤奋之人充满妒忌。懒惰会阻碍自身气场的提升，因此那些生性懒惰的人不可能成为事业上的成功者，他们对工作和生活缺乏必要的追求，总想等着天上掉馅饼，在等待中蹉跎着自己的时光，所以等待他们的只能是一次次的失败。

　　古代宋国有个农夫正在田里翻土。突然，他看见有一只野兔从旁边的草丛里快速地窜出来，一头撞在田边的树墩子上，便倒在那儿一动也不动了。农夫走过去一看：兔子死了。因为它奔跑的速度太快，把脖子都撞折了。

　　农夫高兴极了，他一点力气没花，就白捡了一只又肥又大的野兔。他心想：要是天天都能捡到野兔，日子就好过了。从此，他再也不肯出力气种地了。每天，他把锄头放在身边，就躺在树墩子跟前，等待着第二只、第三只野兔自己撞到这树墩子上来。

　　可是，世上哪有那么多便宜事啊。农夫当然没有再捡到撞死的野兔，而他的田地却荒芜了。

　　那些思想贫乏的人、愚蠢的人、慵懒怠惰的人只注重事物的表象，无法看透事物的本质。他们不去学习，不增加阅历，没有人愿意和他们交往，渐渐地他们在懒惰中丧失了自我，让自己变得精神萎靡、食欲不振，每天只会梦想着天上掉馅饼的好事情。

　　愚公移山的故事想必大家都很熟悉，尤其是看了愚公和智叟的对话，我们不禁要问，愚公的气场和智叟的气场，哪个更强大？

　　实践证明，人与人之间，先天禀赋的差异是微不足道的。知识、学问和能力主要是通过后天得来的。由于知识、学问和能力的不同，人的气场也就不同，有的强，有的弱。

一个上进的、有雄心壮志的人，哪怕只由于一时的懒惰，也会阻碍了气场的提升，导致最后的失败。只有勤奋努力、不怕吃苦，才能使我们走向成功，才能使宝典、梦想、计划、目标有现实意义。打个比方，勤奋就像食物和水一样，能滋润着我们，使我们提升气场，走上成功之路。

气场弱也是由很多因素造成的，尤其是懒惰，因为懒惰的实质无非是拖延、脱避，怯懦、保守。其实，某些先天的不足是完全可以通过后天的努力来弥补的。正如"勤能补拙，懒可致愚"所说。

懒惰的人希望什么也不要做，最好什么改变也不要发生，一切照旧，安于现状。懒惰的人害怕改变，也阻碍改变。当你有提升气场的行动时，懒惰就会出来阻碍。我们说愚公不愚，是因为他相信靠勤奋劳作能搬走大山；我们说智叟不智，是因为他被困难吓倒而却步不前。

"懒惰像生锈一样，比操劳更能消耗身体；经常用的钥匙，总是亮闪闪的。"的确，在日常生活中，我们必须学会勤奋，认认真真地去面对每一件事，而懒惰，我们则要拒之千里。

在《时间磁卡》一书中有一个关于生命的经典寓言，是这样说的：

有四个20岁的青年去银行贷款，银行答应借给他们每人一笔巨款，条件是他们必须在50年内还清本息。

第一个青年想先玩25年，用生命的最后25年努力工作偿还。结果他活到70岁都一事无成，死去时仍然负债累累。他的名字叫"懒惰"。

第二个青年用前25年拼命工作，45岁时他还清了所有的欠款，但是那一天他却因劳累过度病倒了，不久就死了。他的遗照旁放着一个小牌，上面写着他的名字"狂热"。

第三个青年在70岁上还清了债务，然后没过几天他去世了，他的死亡通知书上写着他的名字"执着"。

第四个青年工作了40年，60岁时他还完了所有的债务。生命的最后十年，他成了一个旅行家，地球上的多数国家他都去过了。当70岁死去的时候，他面带微笑，人们至今都记得他的名字叫"从容"。

当年贷款给他们的那家银行叫"生命银行"。

比尔·盖茨说："懒惰、好逸恶劳乃是万恶之源，懒惰会吞噬一个人的心灵，就像灰尘可以使铁生锈一样，懒惰可以轻而易举地毁掉一个人，乃至一个民族。"

可以说，懒惰是成功的绊脚石，是提升气场的阻力。要应对这个快速变化的时代，就必须改变懒惰的恶习，变得积极起来。

但懒惰有时就是一条又粗又长的老藤，紧紧地拽着宿主不放。不过，看了上面这个故事之后，大家应该就真正地懂得懒惰对气场的危害性，会改变之前的懒惰做法，做一个勤奋的人。

自卑无法赢得强气场

有些自卑者喜欢把主观因素扩大，把一切过错都归于自身，让自己背负很多无谓的罪名而无法释怀，把日子过得很累，常常庸人自扰。殊不知，自卑可以说是一种性格上的缺陷。而自卑对气场的影响，却是致命的。

自卑可以削弱一个人的气场，在学习、工作和人际等方面造成不良影响。例如，在学习上，缺乏知难而退的信心；在工作上，不敢大胆参与和开展各项活动；在人际关系中，自我孤立，最终认定"你看，我就是不行"。自卑感使人丧失了与其他人沟通的能力，久而久之，气场就会越来越弱。

自卑者对自己的能力、品质评价过低，同时伴有一些特殊的情绪体现，让人无法对其抱有希望，有时表现得很忧郁，有时表现得很失望，这样一来，自卑就无法赢得强气场，在与其他人的合作中也会让人无所适从。

自卑者总是一味轻视自己，总感到自己这也不行、那也不行，什么也比不上别人。这种自我评价一旦占据心头，就会对什么都不感兴趣，忧郁、烦恼、焦虑便纷至沓来。

1951年，英国人富兰克林从自己拍得异常清晰的DNA（脱氧核酸）的X射线衍射照片上，发现了DNA的螺旋结构，就此还举行了一次报告会。然而富兰克林生性自卑且又多疑，总是怀疑自己论点的可靠性，后来竟然放弃了自己先前的假说。

可是，就在两年之后，霍森和克里克也从照片上发现了DNA分子结构，提出了DNA的双螺旋结构的假说。这一假说的提出标志着生物时代的开端，两人还因此而获得1962年度的诺贝尔医学奖。

假如富兰克林是个积极自信的人，坚信自己的假说，并继续进行深入研究，那么这一伟大的发现将永远记载在他的英名之下。

自卑是一种因过度地自我否定而产生的自惭形秽的外在表现，自卑者的气场是羸弱的。通俗地说，自卑就是自我否定。自卑者消极认命，觉得自己没有能力，自卑者在工作和生活中容易放弃个人的努力和奋斗，听凭命运摆布，以各种借口自欺欺人，为自己的失败寻找客观理由。内心的自卑，对一个人的成长与发展是致命的，因而，如果发现自己自卑，就要及时用理性的态度把它铲除掉。

"自卑之心，人皆有之。"自卑的人总是习惯于拿自己的短处和别人的长处相比，结果越比越觉得不如别人，从而形成自卑心理。但还有一种相反的情况，就是超越的意愿相当强，但由于许多弱点是先天性的，已经无法大幅改变，因此会将精力集中在新的领域，希望能在其他方面超越他人。例如，因身高较矮而感到自卑，于是在事业上更加努力，获致更高的成就。

1870年，维也纳一个商人家里出生了一个叫阿德勒的男孩。他自小驼背，行动不便，看到哥哥健康活泼，他非常自卑，经常感到自己很不幸。

成年后，经过努力研究，他认为：由于身体缺陷或其他原因引起的自卑，有时能摧毁一个人，使人自甘堕落，但反过来，有时也能使人发愤图强，力求振作，以补偿自己的弱点。后来阿德勒在这方面的学说使他名声大噪，成为著名的心理学家。

他一生从事心理学研究，并创立了一个新的心理分析学派，即以"自卑情结"为中心的个体心理学派。

自卑与超越的相对强弱不同，在不同的人身上，会衍生出许多种不同的性格与行为来。有些人因为自卑而畏缩，越是自卑，气场越弱，对于外界事物怯于表达自身想法；也有些人想要超越自卑，但是不得其门而入，或是能力不足，越想超越自卑，强气场越是不足，结果演变成自暴自弃，最终往往认为再多的努力都是枉然，干脆全盘否定、全面放弃。

我们应该清醒地看到，绝对自信的人、永远自信的人并不存在。无论自身素质、水平如何，无论遇到任何艰难险阻，无论落到何种困境，无论竞争对手如何强大，都对自己有绝对必胜把握的人是极少见的。

所以，成功的人拒绝自卑，因为他们知道，自卑会把自己的气场拖垮。一个人若被自卑所控制，其气场将会受到严重的束缚，创造力也会因此而枯萎。

但不可否认，也有人会从另一种自卑当中开启新的人生。

格林尼亚出生于一个百万富翁之家，从小过着富足的生活，养成了游手好闲的富家公子习性。而他自己，却觉得自己很了不起，觉得所有人都喜欢自己，当然，尤其是女人。

风流成性的他终于遭到重大打击。一次午宴上，他对一位从巴黎来的美貌女伯爵一见倾心，像见了其他漂亮女人一样追上前去。此时，他只听到一句冷冰冰的话："请站远一点，我最讨厌被满身铜臭气的人挡住视线！"

女伯爵的冷漠和讥讽，使他第一次在众人面前羞愧难当。突然间，他发现自己是那样渺小，那样惹人讨厌，油然而生的自卑感使他感到无地自容，真想找个地缝把自己埋进去。

他满含泪水地离开了家，只身一人来到里昂，在那里他隐姓埋名，发愤求学，进入里昂大学插班就读，并谢绝一切社交活动，整天泡在图书馆和实验室里。

他的钻研精神赢得了有机化学权威菲得普·巴尔教授的器重。在名师的指点和自己长期的努力下，他发明了"格式试剂"，发表了二百多篇学术论文，被瑞典皇家科学院授予1912年度诺贝尔奖。

维克多·格林尼亚后来反省说："因为从小家境富裕，每当自己有任何好成绩时，家人都会为我自豪和骄傲，而其他人则认为那是因为我的家境好，从来都没有人会认为是我自己的努力。渐渐地，我对自己越来越没有信心，不知不觉开始自卑起来，总是拿着家里的富裕来满足自己。直到听到女伯爵的那句话，我才发现自己是多么让人讨厌，甚至连自己也厌恶自己。后来我仔细反省，终于了解到，如果能正确地对待内心的自卑感，我一定能靠着自己的力量，获得别人真正的肯定。"

因为人大体上能客观地认识到自身的天赋资质和实际能力有着天壤之别，也能够正确地掂量出自己的分量。即使在这个领域得心应手，非常自信，到另一个完全不同的领域也未必是赢家。

有些人，可能曾经很自信，但接触环境一变，参照物一变，原来拥有的自信可能荡然无存，强气场也随之消失，取而代之的是无比的自卑。

所以，自卑的人，想要获得强气场，就必须正视自己的内心，正视别人对自己的看法，想清楚自己的价值，用自己的价值来提升气场。

贪欲让你的气场走极端

　　每个人都拥有自己的气场，有的人气场强，有的人气场弱。不论气场是强还是弱，都需要有一颗平常心去对待。很多时候，虽说可以通过努力学习改变气场，但如果学习的目的是为了实现某种贪欲，那么这种贪欲就会让你的气场走向极端。

　　在现实生活中，没有人不希望获得荣誉，但这种获得应该是建立在既自尊而又尊敬他人的基础之上的，而不是为了满足虚荣、为了某种贪欲，对他人造成伤害和冒犯。因此，真正懂得维护生命尊严的人，真正懂得珍惜荣誉的人，必须从虚荣中超脱，只有这样，才不会让自己的气场走极端。

　　古籍中有过这样的记述：

　　孔子到鲁桓公的庙里参观，看见一只倾斜的器皿，便向守庙的人询问："这是什么器皿？"

守庙的人回答说："这是君王放在座位右边警戒自己的器皿。"

孔子说："我听说君王座位右边的器皿，空着便会倾斜，倒入一半水便会端正，而灌满了水就会倾覆。"

孔子回头对弟子们说："向里面倒水吧！"

弟子们舀水倒入其中。大家看到，水倒入一半时，器皿就端正了；灌满了水，器皿就翻倒了；空着的时候，器皿就倾斜了。

孔子感叹说："唉，哪里有满了不翻倒的呢！"

子路问："有什么保持满的方法吗？"

孔子回答说："聪明和高深的智慧，要用愚钝的方法来保持它；功劳遍及天下，要用谦让来保持它；勇力盖世，要用胆怯来保持它；富足而拥有四海，要用节俭来保持它。这就是抑制并贬损自满的方法呀。"

其实归根结底就是欲望的问题。在很早以前，人们已经就慢慢地意识到了，欲望是一个好东西，不断推动人类进步，不断满足个人一个又一个愿望。过度的欲望则是为了满足虚荣。所谓虚荣，就是追求表面上的光彩，是一种极力掩盖自身不足的心理表现和夸张行为。

在现实生活中，没有一个人不渴望让自己的气场强大起来，得到大家的认同。可是，无休止的欲望或者不切实际的欲望，也会带给我们更大的灾难和痛苦。

多少人因为无尽的欲望而损害了自己原有的气场，甚至有人为了满足贪欲，铤而走险，最终做出让自己后悔不已的事。当心中满是好逸恶劳的念头时，人们的脚步也会开始走偏，直到错误造成，这时后悔已经来不及了。

下面这个例子，就是聪明的非洲土著利用猴子的欲望来抓猴子的方法。

在一个树洞里放一个坚果，这个树洞的大小正好是猴子握住坚果的尺寸。不久，猴子就会伸爪去抓取。前爪抓满坚果，就无法从树洞里缩回来，但即使有生命危险，它也不肯放开到手的东西，只好束手就擒。

人们根据这个故事总结出了这样一个规律：你的欲望就是你的陷阱。

故事说的是猴子，同时让人联想到人类。坏的欲望会让人的气场走极端。有时候，如果人们无法很好地控制自己的欲望，确实会带来一定的伤害，或者说，人所以失败，是因为他们成了欲望的奴隶。正如一句话所说，欲望像海水，喝得越多，越是口渴。我们可以成为欲望的主人，而不是任由它控制。

无休止的欲望不是与生俱来的，是个人在后天环境中受病态文化的影响而逐渐形成的。贪婪是一切祸乱的根源，不论做人还是处事，都必须戒慎。所以在生活中，我们要远离贪婪的诱惑，将心态放平，这样才能轻松面对得与失的考验，平静地对待生命的每一次跌宕起伏。只有用平静的心态去面对，有着合理的欲望，一个人的气场才不会走极端。

因此，当我们与人相处的时候，如果处处想着怎么在他人身上占点小便宜，必然会遭到他人的鄙视；当拓展事业的时候，也不能够好高骛远，如果不能脚踏实地，不能本着诚信的原则慢慢扩张，那么事业也不会长久。

欲望是把双刃剑，适当的欲望会为你开辟道路，助你成功；过度的贪欲则会让你事业受阻。

据说，上帝在创造蜈蚣时并没有为它造脚，因此最开始的时候，蜈蚣可以爬得和蛇一样飞快。有一天，蜈蚣看到羚羊、梅花鹿和其他有脚的动物竟然跑得比它还快，心里非常不舒服，便愤恨地说："哼！脚越多，当然跑得越快。"

于是，它向上帝祷告说："上帝啊！我希望拥有比其他动物更多的脚。"

上帝说道："你已经有了和蛇一样的速度，脚不适合你，还是不要的好。"

蜈蚣很不高兴，对上帝说："羚羊、梅花鹿都有脚，都跑得很快，我就是想要。"

上帝无奈答应了蜈蚣的请求。他把好多好多的脚放在蜈蚣面前，任凭它自由取用。

蜈蚣迫不及待地拿起这些脚，一只一只往身体上贴，从头一直贴到尾，直到再也没有地方可贴了，它才依依不舍地停下来。

它心满意足地看着满身是脚的自己，心中暗暗窃喜："现在我可以像箭一样飞出去啦！"

但是等它开始要跑步时，才发觉自己完全无法控制这些脚。这些脚噼里啪啦地各走各的，它非得全神贯注，才能使一大堆脚不致互相绊跌而顺利往前走。

蜈蚣本来想走得更快，可到头来，它走得比以前更慢了。

这个故事说明，过度的欲望让蜈蚣再也无法体会曾经飞速前进的感觉，而人的心里一旦产生过分的欲望，终有一天，也会超载，其结果也是不堪设想的。

托尔斯泰曾说，欲望越小，人生就越幸福，人的气场也会正。同样的道理，我们可以说欲望越多，就越容易招来祸害，同时气场就会倾斜，甚至走向极端。生活中，有太多的人因为欲壑难填而被"贪婪"置于死地。

一间蜂蜜工厂的仓库里，洒了很多蜂蜜，吸引了许多苍蝇来吃。

因为蜂蜜太香了，苍蝇们都舍不得离开。不久，这些贪婪的苍蝇便都因脚被蜂蜜粘住而飞不走了。

因为过于贪心，苍蝇赔上了生命。

人类亦是如此，过度的欲望，不仅会使人的气场走向极端，甚至会使人失去生命。

有一个财主非常狡猾奸诈，到了年底的时候，他不愿意付工钱给仆人。

有个仆人已经很多年没有拿到工钱了，可是，这个财主压根就不想给他一分钱，同时还不想损害自己的名誉，也不希望被人称为"吝啬"的财主。于是，他就想了一个办法，对这个仆人说："明日一早，你尽管向前跑，只要在日落之前绕一圈回来，你能圈到的土地就全部送给你。"

这个仆人一直梦想着要从地主那里要回工钱，可是一直苦于没有办法，此时，听到财主这样一说，简直是欣喜若狂，他心想：这一回，我终于可以拿到工钱了。

第二天一大早，他就开始了圈地之旅。他往前跑着，发现这片土地真是广阔。他恨财主的吝啬，同时又羡慕财主衣食富足的生活，他想：只要我尽可能地多圈一些土地，那么，我就能像他一样过上幸福的生活了。

他拼命地向前跑，时间一点点流逝，他所跑过的土地越来越多，他按捺不住自己的激动，看着太阳逐渐西沉，他又加快了脚步。后来，他简直像发了疯的野兽一样在土地上狂奔。就在太阳西沉的那一刹那，他终于绕完一大圈返回原地，但是，他也因此而累死了。

欲望无止境，任何欲望的结果只有两种，成功或失败。因此，决定欲望能否实现的是一个人所拥有的条件是否具备成功的可能，超出个人的条件就是贪欲，贪欲过多，就会导致气场走极端。无限制地扩充欲望，就是心机算尽，恐怕最后也会功亏一篑。

妒忌会扭曲你的气场

妒忌常常会导致中伤别人。所谓妒忌就是怨恨别人、诋毁别人等消极的行为。妒忌往往是和心胸狭隘、缺乏修养联系在一起的。一个人如果没有修养，那么他的气场就会很弱，一旦产生妒忌，不但不会有助于气场的提升，反而会扭曲自己的气场。

妒忌是一种为了满足自己对荣誉、社会地位等方面的欲望，而表现出来的不正常的情感。妒忌心人人都有，适当的妒忌能够使一个人发奋，有益无害，但妒忌心过重则会影响到自己的身心健康，不利于个人气场的发展和提升。

从心理学的角度讲，妒忌是因攀比和不平衡心理导致的虚荣心理。这样的人表现得对物质生活极度虚荣。虚荣心较强者，为了夸大自己的实际能力和水平，就会采取夸张、隐匿、欺骗、攀比、中伤，甚至不惜违法犯罪来满足虚荣心，这样的危害于人于己于社会都很大，所以极有必要将其克服。

众所周知，西施是中国历史上的"四大美女"之一，是春秋时期越国人，西施患有心口疼的毛病，犯病时经常会用手扶住胸口，皱着眉头，这样的姿势显得比平时更加美丽，更加妩媚。

当时，村子里还有一个女人，叫东施，样貌平凡。有一天，西施心口痛，皱着眉头从街上走过。东施看到西施捂着胸口，皱着双眉的样子竟吸引了众多人回头观看，因此回去以后，她也学着西施的样子，手捂胸口，皱着眉头，但是弄巧成拙，这样矫揉造作的样子使她更难看了。

结果，富人看见东施的怪模样，马上把门紧紧关上；穷人看见东施走过来，马上拉着妻子和孩子远远地躲开。人们见了这个怪模怪样的东施，简直像见了瘟神一般。因其本来就长得丑，再加上刻意地模仿西施的动作，装腔作势的怪样子，让人更加厌恶。

人生在世要争取一定的荣誉与地位，这是心理的需要，每个人都应十分珍惜和爱护自己及他人的荣誉与地位，但是这种追求必须与个人的社会角色及才能一致，超出这种追求，就会产生妒忌，不适当的妒忌只会扭曲一个人的气场。

有人问大哲学家亚里士多德，为什么心存妒忌的人总是闷闷不乐？亚里士多德回答说：那是因为他有双重的痛苦：一是他自己的失败，二是别人的成功。

俗话说"人有脸，树有皮"，脸就是脸面，就是面子。面子不可没有，也不能强求，如果打肿脸充胖子，过分追求荣誉，显示自己，就会使自己的气场受到歪曲。

伯特兰·罗素是20世纪的思想家之一，1950年诺贝尔文学奖获得者。他在其《快乐哲学》一书中写道："妒忌心尽管是一种罪恶，它的作用尽管可怕。但并非完全是一个恶魔，它的一部分是一种英雄式的痛苦的表现。人们在黑夜里盲目地摸索，也许走向一个更好的归宿，也许只是走向死亡与毁灭。要摆脱这种绝望，寻找康庄大道，文明人必须像他已经扩展了他的大脑一样，扩展他的心胸。他必须学会超越自我，在超越自我的过程中，学得像宇宙万物那样逍遥自在。"

适当的妒忌，能够激发人的潜能，使人奋发向上，直到成功；不适当的妒忌就会让人心理变态，甚至会使自己的气场扭曲。

有一个人遇见上帝。上帝说：现在我可以满足你任何一个愿望，但前提就是你的邻居会得到双份的报酬。那个人高兴不已。但他细心一想：如果我得到一份田产，我邻居就会得到两份田产了；如果我要一箱金子，那邻居就会得到两箱金子了；更要命就是如果我要一个绝色美女，那么那个本来要打一辈子光棍的家伙就同时得到两个绝色美女……

他想来想去，总不知道提出什么要求才好，他实在不甘心被邻居白占便宜。最后，他一咬牙："哎，你挖我一只眼珠吧"。

上面这个人很就是心胸狭隘，看不得别人比自己有一点点好。宁可自己受到损失，也希望别人受到比自己更大的损失，才能安心。因此，有了妒忌，就会容不得别人超过自己，对比自己强的人进行打击排挤，不仅破坏良好的人际关系，四面树敌，丧失协同配合的合作伙伴或互帮互助的朋友和同事，而且害人终害己，免不了毁了自己的事业。

心胸狭隘的人会因一些微不足道的小事而产生强烈的妒忌心理，别人任何比他强的方面都会成为他妒忌的缘起。缺乏修养的人会将妒忌心理转化成消极的妒忌行为，妒忌也扭曲了他的气场，会严重地破坏他的人际关系。

孙膑曾经和庞涓一道学习兵法。庞涓虽然已经为魏国服务，担任了魏惠王的将军，但是认为自己的才能比不上孙膑，于是暗地里派人请孙膑来。

孙膑到了魏国，庞涓害怕他比自己有才干，狠妒忌他，就捏造罪名，根据法律用刑挖去了他两足膝盖骨并在他脸部刺上字，想使孙膑这辈子再也不能在人前露面。

后来，齐国的使者偷偷地载着孙膑回到了齐国，把他推荐给了齐国将军田忌。十三年之后，魏国和赵国联合攻打韩国，韩国向齐国告急。齐国派田忌带兵去援救韩国，在孙膑的帮助下，大败庞涓，最后使庞涓引剑自刎。

庞涓因为妒忌，扭曲了自己的气场，因此暗害朋友，最终也没有得到好的下场。

每个人都有长处和短处，但是往往会宣扬自己的长处，回避自己的短处。在潜意识中超越自我，就会有妒忌冲动，因而表现出来的就是排斥、挖苦、打击比自己强的人。这样的妒忌扭曲了人格，也扭曲了气场。这是万万要不得的，也是值得人们所深思和要尽力避免的。

猜疑让气场失去吸引力

在日常生活中，对气场有很大负面影响的另一个因素就是猜疑。心中的猜疑可能会摧毁光明的信仰，破坏美好的感情。

猜疑是各种不确切的信息在特定的背景下聚集而成的疑惑，它有时可以济事和成事，有时却会误事和坏事，这种心理短板常常会导致一些误会、闹剧的发生，过多的猜疑就会让气场失去吸引力。

从前有个人，丢了一把斧子。他怀疑是邻居家的儿子偷去了，便观察他，看他走路的样子，像是偷斧子的；看他的脸色表情，也像是偷斧子的；听他的言谈话语，更像是偷斧子的，那人的一言一行，一举一动，无一不像偷斧子的。

不久后，他在上山的时候发现了他的斧子，等到第二天再见到邻居家儿子，就觉得他的言行举止没有一处像是偷斧子的人了。

猜疑是人性的弱点之一，历来是害人害己的祸根。生活中我们经常看到这样的事情，因为猜疑，夫妻离异；因为猜疑，朋友反目；因为猜疑，亲人大打出手，导致悲剧。所以我们必须做到：开阔自己的胸怀，不要无中生有地怀疑别人的人品，敞开心扉与人沟通，不轻信流言，经常自省，把错误的猜疑消灭在萌芽状态。

每当我们遇到不确定的事情的时候，就必须要努力克制无端多疑的短板，把自己从内向的趋势拉转到外向的趋势，面向外部世界，面向他人，以真诚的心去交往、去了解，以获得对人对事物的正确认识和准确判断，彻底摒弃多疑的缺点，提升我们气场的吸引力。

法国短尾沙皮狗，堪称世界第一疑心狗。它是一生都不能换主人、换环境的，一旦外界环境发生改变，它便生活在惊恐中，整天胆战心惊，连觉也不敢睡。它对周围的一切都会存有戒心，并会因为怀疑而拒食，连水也不喝，直到生命结束。因此，法国短尾沙皮狗的数量越来越少。

可以说这种狗大多是毁在自己的疑心上的，不但让自己本身的气场失去吸引力，也因为猜疑而丢掉了性命。

我国历史上因为猜疑而发生的惨剧数不胜数，其中被大家熟知的是发生在一代奸雄曹操身上的。曹操是一个生性多疑的人，"宁我负人，毋人负我"，每个人他都不相信，因此很多能人都离他远去。

其中有一段故事是这样的：

曹操与陈宫逃难到吕伯奢家，吕伯奢出门去打酒，吕家人准备酒肉款待他们二人。惊魂未定的两个人疑心重重，忽然听见庄院后面有磨刀的声音，曹操说：吕伯奢不是我的至亲，此番前去打酒可疑，应该去偷听一下后面的声音。于是两人潜行轻步来到草堂的后面，但听见有人说话的声音，说："绑起来杀了，怎么样？"

曹操说："果然！现在如果不先下手的话，必定遭到擒获。"于是和陈宫拔剑闯了进去，把里面的人不分男女都杀了，一下杀死八个人。当搜索到厨房时，才看见绑着一口猪，原来吕家人要杀的是它。

陈宫说："孟德想多了，误杀了好人！"两人急忙出了庄院，上马就走，走了不到两里，只见吕伯奢的驴鞍前挂着二瓶酒，手中提着水果蔬菜回来。他问："贤侄与使君为什么要离去？"

曹操说："获罪的我不敢久待。"

吕伯奢说："我已经叫家人杀一口猪款待你们，贤侄，使君何必在乎这一宿？请掉转马头回去吧！"

曹操不理会，仍驾马前行。走了不几步，忽然拔出剑回来，对着吕伯奢说："那边过来的是什么人？"吕伯奢回头看的时候，曹操挥动剑把吕伯奢砍倒在驴下。

陈宫吃了一大惊，说："刚才是因为误会而杀人，现在为什么杀人？"

曹操说："吕伯奢回到家，看见被我们杀死的家人怎么可能善罢甘休？如果率领众人追来，我们必遭到他的灾祸。"

陈宫说："明知道错了还要杀，这是大不义啊！"

曹操说："宁可我辜负天下的人，不可以天下的人辜负我。"

陈宫不说话了。

人与人之间最可贵的是信任，最有害的东西是猜疑。也许是因为可贵，信任似乎很难做到，而猜疑的心理不仅容易产生，而且杀伤力也非常大。因为猜疑，吕伯奢一家九口死在了曹操的刀下。因为猜疑，曹操的气场失去了吸引力，让陈宫绝尘而去。

一旦遇到某种困境，有的人总是习惯性地往坏处想，这种人疑心重、心胸狭隘，办事优柔寡断。人有疑心，无可厚非，只要有根据，自是可以理解的。如若无端地生疑，那大可不必。弄不好，既伤人又害己。

要明白，世界上既然有好事，就必然会有不如意的事；既然有好人，就有一些害群之马，但好人还是多数。因此，我们要正确地看待别人，看待我们共同生活的社会。

犹疑者不论大事小情都时常犹豫不决，办事缺乏果断，瞻前顾后，结果往往会错失良机，甚至做出错误的抉择，猜疑者不但不能提升气场的吸引力，反而会让吸引力尽失。

多疑的人一旦产生怀疑，就会进行自我暗示，为自己的怀疑自圆其说，结果本来并不存在的东西也会被想得跟真的一样，从而在怀疑的泥潭中越陷越深。所以，不要总用阴暗的眼光去看待别人，否则，只会两败俱伤。

猜疑是心灵的障碍之一，是害人害己的祸根。一个人一旦掉进猜疑的陷阱，必定神经过敏，对他人的一言一行心生疑窦，损害人际关系。

有的人，对人总存在一种提防心理，他整天疑心重重、无中生有，处处神经过敏、疑神疑鬼，事事捕风捉影，对他人失去信任，结果呢？谁都不愿意与他打交道，人际关系搞得很糟，弄得他没有一个知心朋友，自身非常苦恼，却找不出原因来。

其实原因很简单，因为猜疑，让他的气场失去了吸引力，所以不会再得到周围人的认同和注意。没有人愿意与一个好猜疑的人交往，都担心会引出一些无端的麻烦，大多对他避而远之。时间一长就变得孤独，得不到别人的帮助，处处行路难，智力和才华无法展开，事业也就很难有成。

悲观让气场失去积极的动力

悲观给人带来很大的消极情绪，做什么事情都没有精神。悲观者凡事习惯往坏处想，并且会用钻牛角尖的方式，将这些焦虑扩大化，在工作上碰到小挫折，就把它全面化、永久化、自责化。这么一来，焦虑无限膨胀，意志消沉，因此就让气场失去了积极的动力。

心理学家做过这样一个实验：他们让悲观和乐观的人做认知测试。做测试的时候先是让他们眼睛向下看，然后再将眼睛稍向上看。结果发现，当悲观者眼睛向下看时，他们在测试中表现得最好，而乐观者则在向上看时表现最佳。由此看来，悲观者和乐观者的成功，似乎各自有其不同的模式。悲观者并非不能成功，只是，缺少找到开启成功大门的那把钥匙。

要知道，悲观不是天生的。就像人类其他的心理倾向一样，悲观不但可以减轻，而且通过努力还能转变成一种新的态度——乐观。

悲观会让气场失去积极的动力，乐观会提升气场积极的动力。

从前有一户人家的菜园里一直摆着一块大石头，宽度大约有五十厘米，高度有十几厘米。来到菜园的人，不小心就会踢到那一块大石头，不是跌倒就是摔伤。

儿子问："爸爸，那块石头经常弄伤我，我们还是想想办法把石头挪走吧？"

爸爸这么回答："你说那块石头啊？从你爷爷的爷爷的那会儿就一直放到现在了，它的体积那么大，不知要挖到什么时候，我们没有时间去挪那块石头，以后走路小心一点就是了，还可以训练你的反应能力。"

过了几年，这块大石头一直留在原处。儿子娶了媳妇，当了爸爸。有一天，媳妇气愤地说："老公，菜园里那块大石头，我越看越不顺眼，改天请人搬走好了。"

男人回答说："算了吧！那块大石头很重的，可以搬走的话在我小时候就搬走了，哪会让它留到现在啊？"听了这话，媳妇心里非常不是滋味，那块大石头不知让她跌倒多少次了，她下决心自己把它搬走。

有一天早上，媳妇带着锄头和一桶水，将整桶水倒在大石头的四周。十几分钟以后，她用锄头把大石头四周的泥土搅松。媳妇做了充分的心理准备，想着可能要挖一天吧，出乎她的意料，没几分钟就把石头挖起来了。看看大小，这块石头远没有想象得那么大，大家都是被露出地面的那部分蒙骗了。

同一件事情，有的人会乐观地对待，有的人就显得很悲观。多年以来埋在菜园的石头，表面看起来非常大，原来只是露出来的部分很大，实际上不用费什么力气就能把石头挖出来。

许多人走不出人生不同阶段或大或小的阴影，并非因为他们天生的个人条件比别人要差，而是因为他们没有坚定的信念，也没有耐心慢慢地找准一个方向，一步步地向前。悲观者用悲观的情绪去看待事情，因为没有动力去改变事情的方向，也就让气场失去了积极的动力。

美国作家欧·亨利在他的小说《最后一片叶子》里讲了个故事：

病房里，一个生命垂危的病人在房间里看见窗外有一棵树，树叶在秋风中一片片掉落下来。病人望着眼前的萧萧落叶，联想到自己，身体也随之每况愈下，一天不如一天。她说："当树叶全部落光时，我也就死了。"

一位老画家得知后，用彩笔画了一片青翠的树叶挂在树枝上。

最后一片叶子始终没有落下来。只因为生命中的这片绿，病人竟奇迹般地活了下来。

悲观让人意志消沉，看不到未来，看不到光明，甚至让气场都失去了积极的动力。其实，悲观也能转化为乐观，乐观的态度会提升气场的吸引力，就会诞生出生命的奇迹。

两个青年到公司求职，面试官把第一位求职者叫到办公室，问道："你觉得你原来的公司怎么样？"

求职者面色阴郁地答道："唉，那里糟透了。同事们钩心斗角；部门经理粗野蛮横，以势压人；整个公司暮气沉沉，生活在那里令人感到十分压抑，所以我想换个理想的地方。"

"我们这里恐怕不是你理想的乐土。"面试官说道，于是这个年轻人满面愁容地走了出去。

第二个求职者也被问到同样的问题，他答道："我们那儿挺好，同事们待人热情，乐于互助；经理们平易近人，关心下属；整个公司气氛融洽，工作得十分愉快。如果不是想发挥我的特长，我真不想离开那儿。"

"你被录取了。"面试官面带笑容地说。

一味抱怨的悲观者，看到的总是灰暗的一面，即便到了春天的花园里，他看到的也只是折断的残枝，墙角的垃圾；而乐观者看到的却是姹紫嫣红的鲜花，飞舞的蝴蝶，自然，他的眼里到处都是春天。

第一个人之所以没有被录取，正因为他是一个悲观者。他处处看到的都是悲观的一面。因此，悲观压抑了他的气场，没有求职成功。

面对同样的事情，悲观者和乐观者也会表现出不同的方面。面对同样的半杯水，乐观的人会说："太好了，还有半杯水。"悲观的人会说："唉，怎么只剩下半杯水了。"面对有个豁口的瓷碗，乐观的人会说"虽然这碗有个口，可还是很漂亮。"悲观的人会说"这碗很漂亮，可惜有个豁口。"面对半杯水和美中不足的瓷碗，乐观的人表现出对现实的满足，对事物的欣赏，而悲观的人看到的是不足，是缺憾。

悲观让气场失去积极的动力。没有了积极的动力，就会使人处于不好的心理和生理状态，就会使人失去友谊，失去生活的信心。所以，无论什么时候，还是要有个乐观的心态，做个乐观向上的人。

自大会误解自己的真实气场

自大就是自以为是、唯我独尊，自大者永远带着无知者无畏的骄傲。自大者往往是盲目的乐观主义者。有人说："自大，像一个泥潭陷进去了就难以自拔。"自大者沉浸在过去的胜利之中，不追求上进，总认为自己是胜利的保持者，认为自己一直很强大，看不清楚自己，误解了自己的真实气场。

的确，自大者是很"恋旧"的，他经常沉湎于往日极少的胜利之中，听不进他人的意见，最终自大成为自己人生的绊脚石。殊不知，人把自身想得太伟大时，正显示了自身的渺小。当我们翻开历史的书卷，会看到历史上一幕幕因自大而导致的悲剧：项羽因自大而垓下惨败；关公因自大痛失荆州；拿破仑因自大而被流放到圣赫勒拿岛……

自大并不是自尊或自信，而是过度的自我意识造成的。这是自卑的一种变相。过度的自我意识会造成幻象，也常使人错生"优越感"。从这种错误的心理出发，表现出自以为是、我比你行、刚愎自用的傲慢态度。

1815年6月18日，法军在猛烈的炮火掩护下连续向英军两翼阵地发起猛烈进攻，但遭到威灵顿所率英军的顽强抵抗。下午，拿破仑见两翼阵地久攻未破，便转移重心，加强兵力向英国战场发动猛烈的攻击。

英勇善战的威灵顿亲临战场第一线，率军死守，向官兵发出了"即使牺牲到最后一个人，也要坚持到布吕歇尔到来"的号召。傍晚时分，终于等到了布吕歇尔的大军。布吕歇尔一到，立即猛攻法军右翼。拿破仑腹背受敌，急切盼望格鲁希兵团的救援，但一直杳无音讯，最后不得不孤注一掷，将剩下的预备队也全部投入战斗。

威灵顿在布吕歇尔右翼的配合下乘势转入反攻。法军一时间阵脚大乱，溃不成军。这就是历史上著名的滑铁卢之战。

这场具有决定性意义的战役，标志着拿破仑帝国的彻底崩溃，却使年仅46岁的威灵顿成为闻名遐迩的传奇人物。世界由此记住了威灵顿，历史也由此记住了威灵顿。

在滑铁卢战役中，拿破仑出现了多次重大的失误。一直战无不胜的拿破仑认为自己会继续胜利，因而忽略了战争中的一些细节，最终酿成大错，其实是自大害了他。

自大者好高骛远，不了解自己的真实实力，以至于误解了自己的真实气场，只能使人眼光空茫、不切实际，这样的人往往不从小处着手，因而只能原地踏步，功败垂成。

自大者会放弃许多现成的成功机会，不愿也不屑作艰难而漫长的原始积累。然而，没有量的积累，又哪来质的飞跃？自大只能使人浮躁狂妄、投机取巧，在美梦破灭时折桅返航、怨天尤人，终至一蹶不振。

自大者不能从根源上找到自我，不能了解自己的真实气场，总是从外界寻找客观原因，。俗话说"不积跬步无以至千里，不积小流无以成江海"。踏踏实实做人，认认真真做事才能得到最大的回报。从眼前的一点一滴做起、不畏艰险，才能积沙成塔，实现远大的梦想。

如果脱离了现实，便只能生活在虚幻之中，脱离了自身，便只能见到一个无限夸大的"变形金刚"。没有坚实的基础，只有空中楼阁、海市蜃楼；没有切实可行的方案和措施，只有空洞的胡思乱想，这是形成自大者人生悲剧的前奏。

汉朝的时候，在中国西南方有个名叫夜郎的小国家。它虽然是一个独立的国家，可是国土很小，百姓也少，物产更是少得可怜。不过，由于邻近地区以夜郎这个国家最大，从没离开过本国的夜郎国国王就以为自己统治的国家是全天下最大的国家。

有一天，夜郎国国王与部下巡视国境的时候，他指着前方问："这里哪个国家最大呀？"部下们为了迎合国王的心意，就说："当然是夜郎国最大啰！"

走着走着，国王又抬起头来、望着前方的高山问："天底下还有比这座山更高的山吗？"部下们回答说："天底下没有比这座山更高的山了。"

后来，他们来到河边，国王又问："我认为这可是世界上最长的河川了。"部下们仍然异口同声回答说："大王说得一点都没错。"

从此以后，无知的国王就更相信夜郎是天底下最大的国家。

有一次，汉朝派使者来到夜郎，途中先经过夜郎的邻国滇国，滇王问使者："汉朝和我的国家比起来哪个大？使者一听吓了一跳，他没想到这个小国家，竟然无知得自以为能与汉朝相比。后来使者到了夜郎国，骄傲又无知的国王因为不知道自己统治的国家只和汉朝的一个县差不多大，竟然不知天高地厚地问使者："汉朝和我的国家相比，哪个大？"

所以说，自大是万万要不得的，自大的人是不受人欢迎的，自大者看不清自己的真实气场，自大者往往误解了自己的真实气场，因而在判断事情时往往会犯错误。我们应该在自信的同时，不断警醒自己不要骄傲自大，时刻保持谦虚的心态，努力向身边的人学习。这样才能不断进步，不断完善自我，越来越接近成功。

第四章

打造属于自己的
独有气场

好习惯带来强气场

好习惯是人一生非常重要的筹码，倘若因为坏习惯的存在而使自己的信用破产，就等于典当了自己的人格、败坏了自己的气场。

一个人的习惯会影响到他的品格，并影响其日后的发展。有些人原来品格优良，但后来因为沾染了某种恶习，使自己的气场发生了改变，结果便再也没有出头之日。这些人一开始并不注意自己的习惯，觉得那只是不起眼的小事。但是，久而久之，这样的人便会因为一些恶习而被他人所排挤。

这个时候，他很可能会懊悔起来，但是，再懊悔又有什么用呢？如果一个人能凭着自己的良好品性，让他人从心里暗自佩服他、认同他、信任他，那么这个人就等于拥有了成功的优势。

但是，真正懂得如何获取别人信任的人少之又少。大多数的人都在无意之中为自己迈向成功的路上设置了一些阻碍，比如有些人态度不好，有些人缺乏机智，有些人则不善待人接物，这些不良的习惯常常使一些有意和他深交的人感到失望。

一个有志成功的人，为了自己的前途，无论如何都不会为那些不足为奇的小毛病而诱惑，他们在任何诱惑面前都会以坚定的决心守住自己。他能自我克制：不饮酒、不参与赌博、不弄虚作假。

一个人要想赢得他人的信任，一定要下极大的决心，花费大量的时间，不断努力改掉不好的习惯。如果仔细分析一个人失败的原因，就可知道大多数人都会存在着种种不良习惯。

要获得他人的信任，除了要有正直诚实的品格外，还要有正确的做事习惯。要做到随时纠正自己的缺点，做到忠实可靠，做到言必信，行必果，与人交往时要诚实无欺。即使是一个资本雄厚的人，如果做事优柔寡断，头脑不清醒，缺乏敏捷的手腕和果断的决策能力，那么他的信用也仍然维持不住。

大家都知道，在许多银行贷款时，银行信贷员在每贷出一笔款项之前，都会对申请人的信用状况做一番深入地调查：对方公司的营运状况是否稳定，企业法人的个性是沉稳内敛还是好大喜功，这些都认定是确实可靠，他们才会贷出款项。而有些人，品行不好、不值得人信任，银行是绝不会贷给他一分钱的。

任何人都应该懂得："人格就是一生最重要的资本。"一个想成就大事的人，需要守住这种最宝贵的资本——良好的习惯。

习惯所体现出来的人格中自觉的、稳定的行为方式和特征，就是组成人格特质的重要基础。所以，习惯就是人格特质的重要表征之一。

人格与习惯紧密相关，这是自古以来很多学者的观点，明代被称为"前七子"之一的王廷相就认为"凡人之性成于习"，明末清初杰出的思想家王夫之也提出"习成而性与成"。因此，很多学者在研究人格时，都会直接使用习惯作为基础概念对人格的内涵进行界定。

"人格"是一个很学术的名词，而实际上，人格是我们在日常生活中经常感受到的现象。就像一个人给人的印象是乐观自信，不怕失败，活跃而有创造力，人们就会说他："这个人具有健康的人格。"相反，如果一个人缺乏安全感，常常自卑，或是常常主动攻击他人，人们就会说他："这个人很可能有人格障碍。"

什么是人格？简单地说，就是每个人在行为或心理方面所表现出来的一些特征，这些特征的总和就是人格。人格的形成是先天的遗传因素和后天的环境、教育因素相互作用的结果。美国神经病学家E.H.埃里克就指出："人在生长过程中，都会有一种注意外界的需要，并与外界相互作用，而个人的健全人格正是在与环境的相互作用中形成的。"

习惯就是在长期的生活和工作中逐渐养成的，所以习惯一旦养成就不容易改变，就极容易变为自觉的需要了。因此，也可以说习惯是人在一定的情境中所形成的相对稳定的一种行为方式，是一个人人格的外现。

譬如，一个人在吃饭之前有洗手的习惯，这就是生活方面基本卫生习惯的外现；一个人敬老爱幼、遵守交通规则，这就是遵守社会公德性习惯的外现；还有的人，在思考问题的时候总是要在房间内来回地走动才会有思路，而有的人则喜欢一个人闭上眼睛默默地思考，觉得这样才更有效，这些都是每个人所特有的一些习惯外现。

习惯总是表现在一个人的行为中，而且是比较稳定和自觉的。所以，从一个人的习惯就可以看出这个人的人格是否健康，因为这个人所持有的人格表现都已经体现在他的习惯之中了。

习惯与气场的关系是相辅相成的。习惯会影响气场，气场也会影响习惯。很多人都没有注意到，越是细小的事情，越容易给人留下深刻的印象。

在日常生活和工作中，一个人想要获得他人的信任，就必须实实在在地做出业绩，证明自己的确是判断敏锐、才学过人、富于实干的人。必须注意自我的修养，善于自我克制，努力做到诚恳认真，建立起良好的信誉。

用思考力培养气场

成功学大师拿破仑·希尔曾经把学习力誉为主宰成功的最重要因素之一。学习力是思考的基础，没有丰富的知识作基础，就谈不上思考的深度和广度。思考是学习力的继续，是对实践现象进行分析、综合、比较，探索其本质和规律的重要认识环节，是学习后的觉悟的过程。思考更是学习的升华，光学习不思考等于没学，因为你不能把知识变成智慧运用到生活中去。英国作家波尔克说过："读书而不思考，等于吃饭没有消化。"所以，思考力在气场的提升中，有着至关重要的作用。

有人问人和动物的本质区别是什么呢？生物学家给出的答案是：人可以自由使用手，可以直立行走。但最根本的区别是人类拥有语言能力并且会思考，人是有思想的动物。勤于思考，越多地挖掘人类的潜质，就会越接近人类的本质。

生活，真的需要思考，很多时候，人算不如天算。当遇到突发情况的时候，得求助别人，在求助别人的时候首先要作一番思考，作一番衡量。通过整理自己的思想，我们能够更好地维护自我主体性，更好地培养自己的气场。

有这样一个故事很值得人思考：

有一位非常有名的老木匠，他的技术高超，远近闻名。不过，这位老木匠一生只收了两个徒弟。

这一天，老木匠把心爱的小徒弟叫到跟前，笑着说："徒儿，你可以出师了，你不但学到了我全部的技术，而且还在很多方面都超过了我。真是'青出于蓝而胜于蓝'啊！"小徒弟听完师傅的话，依依不舍地告别了师傅。

老木匠的大徒弟很不服气。大徒弟找到老木匠质问道："师傅师弟可以出师，为什么我不能出师呢？我比师弟早来半年呀！"

"可你的技术却比你师弟差远了。"老木匠平静地说。

"为什么？"大徒弟不解地问。

"你跟我学手艺，只是一直在模仿我，从来没有任何创新。而你师弟呢，则是用脑，做善于思考创新，这样才是一名真正的好木匠。"老木匠解释说。

大徒弟还是气不过，便趁着夜黑，偷偷走了。

几年以后，小徒弟成为一名出色的木匠。而大徒弟呢，再没有人听到过关于他的消息。

小徒弟的成功不仅是因为认真学习，更重要的是他善于思考，具备很好的思考力。书本给我们提供学习的工具，如何把书本知识转化为能力，运用到现实工作中去，靠的就是思考。会不会学习，爱不爱学习，绝不仅仅取决于读了多少书，做了多少笔记，更取决于能否从书本中跳出来，不读死书，不死读书。

我国古代大教育家孔子也说过同样道理的话："学而不思则罔"，意思是说只学习而不进行思考，就会迷惑而无收获，学习是件难事，难就难在要开动大脑这台机器，多思考、多质疑、多联想，没有思考的能力，没有思考的学习，就不是学习，也就不能用思考力培养气场。

今天的世界是个分分秒秒都在变化的世界，在新的形势和环境下，我们往往会遇到很多新情况、新问题。在这种情况下，思考力则是一种能力的直接体现，善于思考，则事半功倍，不善于思考，则事倍功半，甚至走向学习的反面。

拥有了卓越的思考力，方能引爆无限潜能。有些没成功的人不可谓读得不多，但缺乏思考力，不善于在实践中总结经验教训，解决不了新形势出现的新矛盾、新问题。不勤于思考、思想懒惰的人，既不刻苦学习和钻研理论，又不深入掌握和分析实际情况，对工作敷衍了事，混一天算一天。真要遇到一点新情况、新问题，很难有什么独立见解，生搬硬套地弄出个不是办法的办法来应付，要么就是一推六二五，不闻不问，久而久之，气场就会逐渐削弱，因此，一个人必须具备思考的能力，要用思考力去培养自己的气场，这样才能提升气场。

教育家徐特立说过："世界上的一切都需要创造，要前进就不能坐着等待，就要去创造。"而创造的前提也是思考，因为灵感是不会自己跑进你的脑子的。你必须抓住很细微的，哪怕是一瞬间的想法，然后慢慢推敲，逐渐使之充实。而其中推敲的过程就叫思考。在掌握具体思考方法的时候，万万不要忘记最有价值的思考方式，即独立性思考、创造性思考。

事情成功与否不可怕，可怕的是没有思考力。真正思考过的失败其实也是一种前进。

美国实业家罗兰·布歇内尔在就读大学时，在暑假期间在马戏团门口摆摊叫卖弹子球、口香糖等小玩意儿。穿着花里胡哨的T恤衫，细腿牛仔裤，长发蓬乱，一脸大胡子。他喜欢玩电子游戏"太空争霸战"，这种游戏让人上瘾。他明白，如果在计算机上开了装硬币的槽，那他很快便可成为百万富翁。

发财的梦想一直在他的脑海中盘旋，他始终没有放弃思考如何成为百万富翁。1971年，25岁的他耳闻目睹了惠普、英特尔的创业故事。而且集成电路的大幅降价，使他感到离自己的梦想越来越近。

这位摆摊的人又想自己创业了。

1971年一个凌晨，他完成了第一个电子游戏机——"计算机宇宙"。虽然第一个电子游戏机超过了当时人们的接受范围，销售并不理想，但失败没有吓倒他，反而让他相信自己并没有走错路。

1979年的一天，他边看电视边想：光看电视实在是没有意思了，把电视接收器作为试验对象，看看它会产生什么反应。经过他努力的探索与思考，终于发明了交互式的乒乓球电子游戏，从此开始了电子游戏机的革命。

布歇内尔正是因为善于思考，结合实际，研究总结符合当前形势和现实发展需要的特殊规律，在面对困难和问题的时候，多问几个为什么和怎么办，坚持到底，最终获得了成功。

世界著名科学家爱因斯坦说过："学习知识要善于思考，思考，再思考，我就是靠这个学习方法成为科学家的。"他一生创造了1300多项发明，而他只在正规学校读过三个月的书，他曾说："不下决心培养独立思考习惯的人，便失去了生活的最大乐趣——创造。"可以说，他的创新智能全仗在自学中的独立性思考、创造性思考。

同样，许多科学家的发明创造，也都是在日常生活中通过仔细观察，勤于思考得来的。如鲁班因茅草划破手发明了铁锯；牛顿看到苹果落地而发现了万有引力；达·芬奇通过观察鸟和蝙蝠的飞行而设计了扑翼机……这些都说明了要善于思考生活中碰到的问题，才能有新的发现。

善于思考，要创造性地思考，独立地思考，不要完全指望别人指望书本。要知道，聪明人的气场就是要能在需要的时候，能把最先进的，最管用的知识归纳出来，指导我们的工作。

思考不仅是能力，也是科学家智慧的体现。我们不但要钻研书本知识，而且对生活中的一些问题，也要积极思考，要具备思考的能力，因为生活和科学往往是联系在一起的。

学会思考并不难，关键在于"勤"，要多思考，常思考，养成勤思考的习惯。著名作家姚雪垠曾说过："光读书不思考，结果就会变成书的奴隶；光思考不读书，结果你也是架空了知识，得不到真的认识。所以治学问之道，既要善于读书，也要善于思考，明辨是非，知所适从。"

在读书中思考，在思考中读书，不断培养自己的思考能力，有了思考力，知识才能被真正掌握，而思考的习惯和能力又是不那么容易养成和提高的。思考得越多，思考问题也就越容易；思考的水平越高，思考力也就越大，你的气场就会跟着有所提升。

思考力，可以培养气场，可以让你的气场慢慢改变。在生活中，每时每刻都需要思考。不思考的生活是一种随意的生活，而这种随意会影响到气场的提升，也会影响到人生价值的实现。因此，气场较弱的朋友，可以试着去思考，养成思考的习惯。学会对事物有自己的看法，通过自己的思考，得出结论，你会发现，你周围的人多了起来，认同你的人多了起来，因为思考力培养了你的气场，让你更能引人注目。

用坚持力改变气场

坚持力是成功者必备的重要品质之一。每一个人都有梦想，不管这个梦想是伟大还是平凡，每个人都会为自己的梦想奋斗，可成功的人却始终是少数，究其原因，是因为有些人没有坚持，不具备坚持力，没有坚持力的人就没有坚持的气场，因此也就不会成功。我们可以看到，一个成功者因为具备了坚持力，他的气场很强大，强大到在一切困难面前，都勇于尝试，敢于面对，从而依靠坚持力改变了气场，提升了气场。

而失败者的气场，在困难面前则显得有点弱小，失败的人抱怨："我尽力了，天不助我！""运气不好，我也无能为力。""艰难险阻太多，人类无法克服！"其实失败者之所以失败，就是因为他们没有具备坚持力。这些抱怨，只能削弱了气场。

成功的道路有着许多的挫折、困难、失败，只要你战胜它们，你就离成功不远了。想要改变自己的弱气场吗？想要用强大的气场获得成功吗？那么，请记住下面这句话。强大的气场，有一个很关键的支撑因素：坚持力。

如果没有坚持力，即使做得再多，也会像下面故事中的人，一无所获。有这样一幅漫画，画的是一个人在挖井求水。井已经挖得很深了但仍不见水，于是他换一个地方继续挖，又挖了很深，可还是不见水出来。这个满头大汗的人又换地方再挖，不过挖的井一次不如一次深，最终没有成功挖到水。其实，在他挖的每一次挖的地点的下面都有水，有一两次与水只有一锄之隔，但挖井的人没有坚持再挖下去，哪怕只是一锄，命运就不会一样，结果他以失败告终。

想打造成功的气场也是同样的道理，一次两次可能很难完成，如果这时你放弃了就会想那个挖井人一样以失败告终。如果你坚持下一秒你的气场就会爆发。这则漫画给人们的启示就是做事必须具有坚持、再坚持的精神，只有通过坚持不懈的努力才能使事物由量变达到质变的飞跃。

可见，坚持力是成功者必备的重要品质。

法国启蒙思想家布封曾说过："天才就是长期的坚持不懈。"我国著名数学家华罗庚也曾说："治学问，做研究工作，必须持之以恒……"的确，无论我们干什么事，要取得成功，坚持不懈的毅力和持之以恒的精神都是必不可少的。

一天大哲学家苏格拉底在古希腊某小学对学生说："今天咱们只学一件非常简单，也是非常容易做的事，每人把胳膊尽量往前甩。"说着，苏格拉底示范了一遍，"从今天开始，每天做300下，大家能做到吗？"

学生们都笑了，这么简单的事，有什么做不到的！

过了一个月，苏格拉底问学生们："每天甩300下，哪些同学坚持了？"

有90%的同学骄傲地举起了手。

又过了一个月，苏格拉底又问，这回坚持下来的学生只剩下八成。

一年后，苏格拉底再一次问大家："请告诉我，最简单的甩手运动，还有哪几位同坚持了？"

这时，整个教室里，只有一人举起了手，这个学生就是后来成为古希腊另一位著名哲学家的柏拉图。

在苏格拉底的游戏中，柏拉图成功了。影响成功的因素很多，但具备坚持力，具有求索的精神是走向成功的基本要素。很多时候，你坚持的时间的长度决定着你研究的深度，只有一步步走下去，你才会获得成功。

韩国一位成功的企业家说过，"成功并不像你想象的那么难，只需要对你所感兴趣的事业长久地坚持下去，即使是失败也不放弃，那么，你就会成功。"所以我们不管做什么事，不管做什么工作，我们必须要有一颗渴望成功的心，拥有了这颗心，要坚持，要不懈，成功就会离我们一步之遥，触手可及，我们就会，享受成功所带来的喜悦。

达尔文二十年如一日的研究生物学，无论在风急浪高的远洋考察船上，还是在条件简陋的实验室里，他始终坚持不懈，最终发现了生物进化的规律；爱迪生尝试了几千种材料后，他并不能确定手中握着的或是下一个就是自己要寻找的材料，但他依旧坚持着，于是他找到了钨丝，发明了电灯，给人类送来了光明；贝多芬失聪后依然坚持不懈，最终创作出了伟大的《命运交响曲》；没有达·芬奇对着鸡蛋临摹千百遍的坚持，哪来《蒙娜丽莎》的美丽与生动？没有李时珍四方品尝百草的坚持，哪来《本草纲目》的详细与准确？没有司马迁忍辱负重40年倾心打磨《史记》，哪有"史家之绝唱，无韵之《离骚》？"

可见，坚持力对于获得成功是多么的重要。一个民族、一个国家更是如此。班固曾说过："一日一线，千日千线；绳锯木断，水滴石穿。"做事要坚持，如果没有坚持的精神，那么成功很可能与我们失之交臂。当困难绊住你成功脚步的时候，当失败挫伤你进取雄心的时候，当负担压得你喘不过气的时候，不要退缩，不要放弃，一定要坚持下去。因为只有坚持不懈，才能通向成功。

　　要明白，成功并不像你想象的那么难，只需要再坚持那么一步！所以，想要改变自己的气场的朋友，告诉你一个一劳永逸的办法，那就是坚持，用坚持力去改变你的气场，提升你的气场，直到成功。

用积累打造气场

鲁迅曾经说过：伟大的成绩和辛勤劳动是成正比例的，有一分劳动就有一分收获，日积月累，从少到多，奇迹就可以创造出来。这里说的奇迹其实就是成功。成功是每个人心中向往的目标，人人都希望成功，可为何结果却千差万别呢？

每个人都渴望踏上成功的红地毯，憧憬能够实现自己的人生价值，并为之孜孜以求，希望能找到一条通向成功的捷径，可是，成功之途从来不是一帆风顺的，它上面撒满了奋斗者的血雨，浸透了拼搏者的汗水。成功无捷径！成功的气场，是靠积累而获得的。

有位成功者说过："成功的人之所以成功，在于他实实在在的付出，不顾一切的忘我工作，认真学习、踏实地做好每一件平凡的事情，并不断完善和充实自己，就像盖楼房，从一砖一瓦开始，一层一层地建造。其实这一过程，就是磨炼性格、通往卓越和成功的过程。"

成功的人生是一个不断提升气场，不断自我完善的过程，不断地吸取真谛，抛出不足的劣迹！人无完人，所以我们需要不断学习自我完善。

天上不会掉下馅饼，一分耕耘一分收获。任何人不会随随便便成功。在浮躁以及价值观扭曲的当代社会，几乎每一个人都在不断追求所谓事业上的成功。追求功成名就、出人头地或者取得远高于同龄人士的职位与薪水，太多的人想一步登天。看到别人成功，或急不可耐，或心烦意乱，或疲于奔命，或孤注一掷，如此种种，皆谓之"浮躁"。浮躁心态，是成功的大敌。

有人说得好，浮躁的社会，心静者胜出。《大学》中也说："定而后能静，静而后能安，安而后能……而后能得。"在欲望与诱惑面前沉着淡定，在困难与挫折面前矢志不渝，才能不断迈向新的成功。

成功没有捷径，不但对生活是这样，对工作也是这样，成功需要用积累去打造成功的气场。资源的获取、经验的获得、人脉的扩大、对行业的理解与把握、管理经验的提升等等都需要时间积累的，不会凭空从天上掉下的。这种积累来不得半点虚假与不踏实，否则就会为最后结果的达成埋下失败的基因。成功不只是结果，更多的是过程。天地无常太多的因素会影响最终的结果。

有个目标在此，不浪费时间，每天都在努力，每天都有个小进步，哪怕最后没有结果，那也是成功的人生。

东汉恒帝在位的时候，有个有钱人想谋个一官半职，一来是为了威风威风，二来也好借权力多弄些钱财。于是他狠了狠心，拿出一大笔钱来打通关系，果然如愿以偿，得到了一个在太守衙门里的职位。他一身官服，趾高气扬地走来走去，心里非常得意。

这个有钱人得意了没几天，就遇到难题了：有一篇奏事的呈文必须由他写，他从小衣来伸手饭来张口，从没想过要去学习，什么都不会，这回要叫他写呈文，可使他为难了。这个人着急地在家里踱来踱去，整天都吃不下饭、喝不下水，只有皱眉叹息。他妻子见他这样，就给他出主意说："邻居张三念过几年书，认识不少字，你去求他帮你写一篇，不就行了？"这人一拍脑袋："对呀，我怎么没想到呢？"

于是他到张三家恳求道："老兄啊，这回你可真要帮帮我呀！你也知道我没认真读过书，哪里会写什么呈文，要是太守怪罪下来，那就不得了了！"张三听了搔搔后脑勺说："不是我不帮忙，我实在也不会写这种文章。这样吧，我听说很多年前有个叫葛龚的人，他的奏事呈文写得很好，你就去照他写的抄一篇吧，用不着再费脑筋了。"

这个人很高兴，赶紧回去把古书翻了一个遍，总算找到了葛龚写的文章。他不管三七二十一地抄将起来，连一个字都不改，原封不动地照抄下来。到最后，他抄顺了手，竟然忘了改呈奏者的名字。第二天，他把呈文交给太守，太守看了，气得一句话也说不出来，马上就把他给罢免了。

这个愚蠢的人虽然一时如愿，但是没有知识积累的他还是露出了破绽，他以为你可以不用任何努力就能如愿以偿，结果呢？其实，世界上没有一步登天的捷径，也没有点石成金的法术，唯有靠脚踏实地的努力，得来的成功才是你自己的，别人永远都拿不走。

伟大的发明家爱迪生说天才是百分之九十九的汗水加百分之一的灵感。但是，成功的人都知道这百分之一的灵感最重要。有的人只流汗而得不到灵感所以最后只能是事倍功半。而只有灵感但不愿流汗，到最后可能是一事无成。要取得成功也离不开平时的刻苦积累，在成功这条路上没有什么捷径可走，伴随成功的只有认真、刻苦、奋斗、拼搏……别无他法。用积累去打造气场，用成功的气场激励你前进。

有句俗话，欲速则不达，要想有好的结果，需要大家每天踏踏实实的工作，需要将每一块短板补起来。生活中的成功总是通过不断累积才获得的。

在某个城市里，小李和小赵都在求职。一天他们同时得到了一家公司的聘请，让他们去做基层员工。小李觉得做基层员工太大材小用了，于是他没有接受而想去找更好的工作。但小赵接受了那份工作，并且踏踏实实地做好了这份工作。

十年过去了，小李仍然没有找到心中向往的工作，因为他太好高骛远了。而小赵已经是那家公司的总经理了。

小赵的成功就是他体会到了一步一个脚印的重要性。从零开始，一步一步，脚踏实地工作。"上帝像个精明的生意人，给你一份天才，就搭配几倍于天才的苦难。"这句话确实有道理。上天终于没有辜负脚踏实地的小赵，最终他成功了。而小李呢，只想着要一步登天，不劳而获，最终离成功越来越远。

成功只会眷顾那些脚踏实地从小事做起的人。一个人也只有从小事做起，从平凡的事做起，不去想路途多么遥远，只要着眼于最初的一小步，就行了。走了这一步，再走下一步，脚踏实地，一步一个脚印，踏踏实实，直到抵达自己所要到达的地方。只有这样，成功才会属于你。只想走捷径的人往往会一无所获，碌碌终生。

想要打造一个成功的气场，必须经历一个艰难困苦的过程，没有什么事是不劳而获的。成功的大道上荆棘丛生，这也是好事，常人都望而却步，只有意志坚强和脚踏实地的人例外。他们往往是最终的成功者。

　　每个成功者的气场，都是慢慢形成的，都是一步一步积累而成的。成功不是一步登天，不是一夜暴富、不是一举成名；成功是无法一次完成的长久过程，是长途跋涉之后的彼岸，是狂风暴雨后的彩虹，是厚积而发的美丽，是默默经营好每一天。

　　提升气场，改变人生，获得成功，是我们不变的追求，但是，请记住成功永远没有捷径，牵引着我们走向成功的，是人一生不息的脚步，风霜雪雨，一路顽强赶去。只有走过泥泞的道路，才能摘到芬芳艳丽的成功之花。

用器量提升气场

　　古人云：海纳百川，有容乃大。成大事者要有大度的气场，懂得包容，有了器量才会提升我们气场。

　　器量是坦然面对生活的困难，在困境里不停止自己追求的脚步。器量不是从小生来的，而是经历生活慢慢培养出来的浩然之气，是一个人对社会、对生活所持有态度的一种意识，是人性的自然流露。

　　大气是一个人的气质或气度，是内心世界的一种外观表现，是一个人综合素质对外散发的一种无形的气场。

　　《尚书》说："必有容，德乃大；必有忍，事乃济。"职场中人，尤其是领导者，只有随时提醒自己做到内心的"容"与"忍"，才可能在管理或与人交往中游刃有余。做人要大气，大气说白了就是从自身做起，做好自己的每一件事。处理好自己身

边发生的每一件事。不论是生活中还是工作中，许多时候需要你
做出让步，这是成功者的智慧

　　古时候，有一对夫妻，丈夫厌烦了妻子，于是在外面纳妾。

　　有天晚上，丈夫照例去小妾那里过夜，妻子笑着送他出门。
丈夫觉得奇怪，莫不是她红杏出墙？于是偷偷地转回来，爬在墙
上看。只见妻子在院里徘徊，轻声吟诵"急风吹，波涛凶，夜半
山路君独行……"大意是外面大风急作，半夜的山路不安全，我
的丈夫怎么能独自行走呢……是一首担心丈夫的诗。

　　丈夫听后羞愧万分，从此一直珍爱自己的妻子。

　　生活和工作中各行各业，形形色色的每个人都有自己的个性
与想法，之间的分歧与隔阂是在所难免的，学会为人处世首先要
增进彼此间的合作态度，其重点就在于能否相互的尊重与包容，
是否具有一定的器量。

　　后汉时期有一位以宽厚著称的仁者叫刘宽，年轻时，有一天
他赶着牛回家，一位乡亲说，自己家的牛丢了，并把刘宽的牛认
成自己的牛。刘宽没有表示任何异议，就让乡人把牛领走了。

　　后来那位乡人的牛找到了，他就来到刘宽家还牛谢罪。刘宽
只是说：物有相类，事容脱误，幸劳见归，何为谢之。

老子认为，大气做人，要受得委曲，经得冤枉。他说：受得委曲，才能保全自己；经得冤枉，事理才能得到伸直、纠正。被人误解而不争辩，让清者白清，刘宽的容人气度之大让人感叹。进入社会，慢慢地发现自己每天会见很多人，会遇到很多事。宽容，往往能够为事情的解决带来最佳结果。

器量就是谈吐大方得体，处世自然和谐，生活态度平和，不急躁，不懈怠。器量是种境界。海到天边天做岸，山登绝顶我为峰。站得高看得远，器量是能站在智者的角度去看待问题，让人感觉厚重，像一本好书，内容让人荡气回肠，不轻不浮，无论从何种角度去看，都不会感觉索然无味。一旦读起来只能让人爱不释手，从中受益匪浅。

总之，器量大小决定着气场的强弱。器量大的人，气场更强，更能赢得周围人的好感，因此，也会得到更多的助力，更容易成功。

用远大的目标激发气场

激发气场，有一个很重要的前提，那就是，要有明确的人生目标。很多人迷迷糊糊的过日子，不知道为什么而活，盲目的追求自己一时之间感兴趣的新奇事物，到最后才发现自己一事无成！他们总是听天由命，过一天是一天，从没想过自己的未来会是什么样子，我这辈子该去做些什么，该取得哪些成就，如何计划自己的人生等等……他们是些没有人生目标的人，浑浑噩噩，不思进取，最后也终将被生活淘汰。

有远大目标的人，生活永远是积极的，你的目标会让你有动力，而这个坚定的目标会激发你的气场。

每个人都应该有自己的目标，一个人的人生目标，就是你终生所追求的美好愿景，你生活中其他的一切事情都围绕着它而存在。大部分人都是只要求工作，并获得报酬就足够了。他们因为外在环境的影响以及内在的彷徨迷茫，三心二意，在人生的竞技场上不断转换跑道，到最后才发现自己浪费了不少时间！所以说，目标很重要，有了目标你才不会低着头跑，而是望着你的终点，在自己跑道上跑！目标越高，跑的路就会越直、越快，也就越能发掘自己潜在的气场。

一个人的目标若能实现，这个人一定是个能够吃苦、勤奋的人。而这样的人，气场自然会很强大。这个世上没有懒惰的人，只有缺乏目标的人，因为缺乏目标所以才会懒惰。一个人无论有多大的年龄，他真正的人生是从设定目标开始的，以前只不过是在绕圈子而已。上天对每个人都是公平的，每个人每一天都是二十四个小时，每个人的所有时间都是一生；同时上天对每个人又是不公平的，给每一个人的时间不都是二十四个小时，给每一个人的所有时间不都是一生。这之间的区别就在于有无远大目标。

远大目标是照亮人生航程的灯塔。一个人有什么样的追求，就会成就什么样的事业，创造什么样的价值。心中有个大目标，泰山压顶不动摇；心中没有大目标，一根稻草压弯腰。空洞的大道理讲得再多也没有用，理想、目标、信念必须同自己的现实生活紧密联系起来。有了远大的目标，明确的目标，也就会树立坚定的信念。只有树立了远大的目标，激发出自己的气场，才能获得成功。

　　高尔基曾经讲过："一个人追求的目标越高，他的才力就发展得越快，对社会就越有益"。人生终极目标是什么？有人说，目标是对未来事物的想象或希望；也有人说，目标是对美好未来的设想。我们心中的目标，是形成自己气场的动力。

　　但是，即使这样，仍然有人不知道为什么活着？怎样活着才有意义？那些迷茫的人在找到自己的终极目标之前往往需要在不同的场合对自己重复上面的这些或类似的问题。其实，人生确立一个什么样的生涯目标，要根据主客观条件来加以设计。每个人的条件不同，目标也不可能相同，但确定目标的方法是相同的。

　　那么，如何确立自己的人生目标才是正确的呢？目标需要建立在你的优势上、最大兴趣上、最佳特长上。一个人在他追求既定的目标，追求朝思暮想的、能够带来幸福的时候，会觉得生活中没有克服不了的障碍。

　　我国当代最杰出的桥梁专家茅以升，11岁那年看到文德桥压塌的悲惨情景，就立下了大志，要为人们造一条结实的桥。为了实现愿望，他无论走到哪里，都认真观察桥；读书读到桥，就把内容摘抄下来，看到报刊上桥的照片，他就搜集起来。

　　15岁他就考入了专门学习造桥的学校，继而走上了桥梁建筑的道路。后来他实现了自小的理想，造了著名的钱塘江大桥。

远大的美好目标能吸引人努力为实现理想而奋斗不止，同时远大的目标也能激发一个的气场。可以说远大的目标是一个人气场的动力源泉。远大的目标寄托着人们对未来的憧憬与希望，为前进、奋斗增添无尽的力量。

每当你懈怠、懒惰的时候，目标会犹如清晨的闹钟，将你从睡梦中叫醒；每当你感到疲惫、步履沉重的时候，目标就似沙漠之中的生命绿洲，让你看到希望。

有了目标，我们才知道要往哪里去，去追求些什么。没有目标，生活就会失去方向，而人也成了行尸走肉。目标可以让我们把心思紧系在追求欢愉上，而缺乏目标则会让我们专注于避免痛苦。每当你遇到挫折、心情沮丧的时候，目标又犹如破晓的朝日，驱散满天的阴霾。因此，要树立远大的目标，激发出我们的气场，去实现自己的宏伟蓝图。

操之在我，主动的气场

我们常说，人是命运的主人，我们每个人都应该主宰自己的灵魂。你有什么样的行为，做什么，怎么做，其决定权，不是操纵在别人手中，而是操纵在自己手中。

我们每个人都有权利选择属于自己的人生，有人成功，有人失败；有人快乐，有人悲伤；有人积极，有人消极。每个人的生活方式都大不相同，取胜的关键在于你是否具备足以避免受制于人的主动。换句话说，就是我们选择了主动的气场，我们就会有精彩的人生。

因为我们每个人的心态是不同的，而气场则会因为心态的不同，呈现出不同的形态。心态是可以随时随地转化的，有时变好，有时变坏，气场也会随之变化。同样一件事，如果你往好处想，心情就变好，气场就会传递出积极的信息；如果你往坏处想，心情马上就变坏，你的气场也会随之低落。

掌握人生的主动权，可以帮助我们战胜困难，走出逆境，可以帮助我们挑战命运，重新点燃生命之灯。精明的人会自己掌控这盏希望之灯，受制于人者心情的好坏总建立在别人的行为上，衰减了自己的气场，所以会自觉或不自觉地受制于人，无形中把人生的主动权交给了别人，这样一来也就与成功无缘了。

从前，在某个村庄，住着一个农夫，农夫有一头毛驴，有一天，他和儿子把土豆装在驴背上去集市上卖。做完买卖，他们高高兴兴地牵着驴回家，还哼着曲呢。路上碰见一个人，那人说："哎呀！真笨，有驴不骑，偏要费劲地走路。"父子俩想了想觉得有道理，便骑上毛驴赶路，果然很舒服。

不久，他们又碰见一个人，那人说："真不像话，毛驴每天为你们辛苦劳累。你们竟然还要骑着它，让它得不到休息。"父子俩一拍脑袋说："是呀，这么做真没道理。"他们跳下驴来，却不知怎么办好，骑也不对，不骑也不对，怎么办呀？他们只好抬着毛驴回家了。路上的人都笑道："瞧，那两个大傻瓜。"

像农夫父子这样把自己的权利交给别人的人，想法做法都受周围的控制，他们的人生不但是惨淡的，而且是悲哀的。难怪会成为路人的笑柄。

人生只有一条路,生是起点,死是终点,中间怎么走,这完全靠自己。"主动争取"是"成功"的敲门砖,是精明者的不二选择。美国有一位管理学专家对某个公司数百位工作表现突出和工作表现平庸的员工进行测验,发现两者在智商、能力等方面并没有多大的差别,其最大区别主要在于是否有"操之在我"的工作态度,差距着重表现在工作主动性上。

一个人越是主动地去做事,就越容易发现问题的突破口,从而解决问题。不断解决问题的成功经验有助于提升个体的自信心和成就感,从而激发他更大的主动性去实现愿望。机会就是在不断解决问题的过程中悄然而来的。自信有了,气场自然就形成了,就更有勇气主动掌握自己的人生。

主动的人会把握住命运的航线,不会让别人的语言阻碍自己成长,不会把自己的人生让别人主宰。虽然,有时候我们无法改变我们遭遇的苦难或挫折,但是,我们可以在遭遇苦难或挫折的时候选择被动或者主动,当我们无奈地选择被动的时候,我们看到的结果往往是消极的、沮丧的甚至是痛苦的。而当我们愿意选择主动的时候,我们得到的结果往往是积极的、美好的。

小区的门口,经常会停很多的出租车,邻居老张下岗后,也去开出租。一开始,家里人觉得,小区门口已经有那么多车了,还能挣钱吗?可是,老张只会开车,只有硬着头皮开工了。

不久后，人们发现，很多人喜欢坐老张的车。回家、办事、逛风景、闲人雅士、俊男靓女都很喜欢乘坐他的车。

老张原先的同事大国下岗后，一直待业在家，看到老张生意不错，也跟着开起了出租车。大国的车比老张的车更漂亮，还做了装饰，而且无论刮风下雨，大国都准时准点出车，有点小病小痛，也坚持工作不舍得歇息一天。穿大街、走小巷、过闹市、到商城，可是为什么大国的生意就远远不如老张好呢？

问题出在两人的经营理念不同，老张的生意经是："我要比别人多一分主动。"每每遇到过往的人，老张总会热情地主动搭腔："请问您需要用车吗？"倘若看到手提大包小包刚出商城的购物者，老张还会主动走过去询问："需要我送您回家吗？"老张的主动争取给他带来了更多的顾客。而大国则是"等"客上车。他把主动权交给了别人，自己的机会自然就少了。相比之下老张显然是个精明的人，懂得多一分主动，就会多一分收获！

生活中任何人都渴望成功，当遇见一件很困难、看似不可能完成的任务时，许多人都会产生逃避的心理。当人们进入一个新的环境或开创一番新的事业时，由于不了解、不熟悉而明显被动，容易受制于人，往往就会想逃避，这是很正常的。这个时候就看你以何种心态面对被动的局面，任何人都存在着消极心理，如果你不断地认为那是一件不可能完成的任务，那么，就已经失败了。如果你选择积极主动，做个气场强势的人，那结果就大不相同。主动的行动会激发了潜在的创造力和影响力，接下来才会带动状态和氛围，有了状态和氛围就会产生强烈的气场，结果当然会如愿以偿。

　　有一个年轻人向他的好朋友抱怨说，他的老板不相信他的能力，在公司快一年了也没有被重用过，他决定要辞职。朋友听了后说："是哦，你的老板是有点过分，我在公司也一样遇到了问题，可是我仍然在尝试着找其他的解决方法。"

　　"算了，我就是这样一种人。"年轻人叹一口气说。他的朋友接着又对年轻人说道："对于你的说法，我一点都不赞同。老板不重用你一定有老板的道理，你要是就这么走了，根本就不明不白，你不妨在工作中积极主动一些，多学点东西，然后再说。"

　　年轻人想了想，是啊，说得有道理，我要让老板知道因为不重视而流失我这样的一个人才是企业的损失。有了这样的想法之后，这位年轻人立刻比以前状态好多了，他每天很努力地工作和学习。

　　这样，过了一年，在一次聚会聊天时，他的朋友问"怎么样，你现在还想辞职吗？"年轻人满脸的微笑和自豪，"我现在不想辞职了。"原来，这一年来的勤奋努力，使他成为公司的中坚力量，在工作上取得了令老板和同事刮目相看的成绩，已经得到了老板的重用和赏识。

这就是成功的过程，在这个成功的过程中，最令人喜悦也是最让人鼓舞的就是由被动到主动，最有成功特质的人就是那种很快由被动变主动的人。主动出击能够引发我们积极上进的内部动力，是我们不断成长追求成功的最大优势，是成功者或者正在追求成功的人应该具备的非常重要的气场。

歌德说过："谁不能主宰自己，就永远是一个奴隶。"一个习惯被动的人，"舒适圈"很小，总是怕被拒绝，因此总是不愿主动走出去与人交往，更甭提拓展人脉了。有问题出现时，总是坐以待毙，实际上就是把自己命运的主导权交给了他人，从而使自己的人生经常被他人操控。

每个人都是自己命运的设计师，不要为别人的成功找理由，为自己的失败找借口。事实上，遇到问题时不要逃避，面对压力时不要惧怕，遭遇挫折时更不要沮丧。主动心态和进取精神会让你的气场强大起来，让气场为你提供战胜困难的足够助力。积极地看待问题，主动地解决问题，相信成功会在前方等着你。人生如戏，你要自编、自导、自演，一切结果都掌握在你自己手中。请告诉自己：我是自己命运的主宰，一切操之在我。

控制情绪，稳重的气场

　　人们常说，"冲动是魔鬼"。有些人做事情往往是没有准备、没有计划，浮躁不堪，完全凭借一时的兴致或者出于一时的冲动，许多人都会在情绪冲动时做出令自己后悔不已的事情来。"自古成大事者，遇事首先要沉得住气。"但是真正能够做到这一点却并非易事。很少有人生来就能控制情绪，所以在日常生活中应该学着去适应。

　　在现实生活中，到处充满着矛盾纠纷，不可能事事都一帆风顺，不可能每个人都对我们笑脸相迎，摆出一副洗耳恭听的姿态。因此，把什么都"看开了"，控制住自己冲动的情绪，是最好的自我调节方法，也就提升了自己稳重的气场。

　　沉得住气，既是一种生理状态，又是一种心理素质。学会有效管理和调控自己的情绪，可以让自己气场变得稳重，稳重的气场对我们有非常大的帮助，是一个人走向成熟的标志，也是迈向成功的重要基础。成功者拥有稳定的气场，能够控制自己的情绪，失败者被自己的情绪所控制。所谓成功的人，就是心理障碍突破最多的人，每个人或多或少都会有各式各样、大大小小的心理障碍。学会控制情绪，让自己的气场稳定可靠，是成功必不可少的要素。

成功的人在管理情绪上，表现为善于控制和支配自己的情绪，稳重的气场让他可以保持乐观开朗、振奋豁达的心境，情绪稳定而平衡，与人相处时能给人带来欢乐的笑声，令人精神舒畅。

意大利著名的皮衣商安东尼·迪比奥谈到自己成功的经验时，不无感慨地说："其实，我并不是一个天生的成功者，许多人都比我更聪明，更有才华；我唯一比他们强的只不过是我更善于控制自己的情绪罢了。"

失败的人由于沉不住气，轻率行事，给自己带来遗憾的事情不在少数。生活中是这样，职场中也是这样。现如今，职场如战场，竞争激烈，一不小心就会使自己失去机会，或者使之前所做的努力付之东流。所以冲动是职场的大忌。一个人真的想有所成就的话，就要有调控情绪的能力。

曾经有这样一个寓言故事：

有一座富丽堂皇的花园,里面所有景观都被耀眼的宝石装点着,这就是被世人向往着的"成功园",只是这座人人向往的花园有一道不太显眼的"困难门槛"。有一天三个人同时赶往成功园,他们分别是一个体魄强壮的健康人,一个坐在轮椅上双腿瘫痪的残疾人和一个盲人。

当他们终于接近成功园时,健康人按捺不住心中的激动,飞快地向成功园狂奔而去。"嘭"的一声,他摔倒在成功园的门槛边上,被门槛边雪亮的利锥刺伤。残疾人来到门槛边停了下来,过了一会儿,垂头丧气地转身离去,他认为自己的轮椅根本越不过那道门槛。盲人来到门前,他没有看到门槛和利锥,但他每一步都非常小心。最后他成了唯一一位跨过困难门槛进入成功园的人。

真正成功的人都懂得冷静思考的意义,所以他们无畏困难,行事稳重,永远都不可能成为漂泊的浮萍,他们拥有稳重的气场,在沉思过后能够爆发出更大的力量。相反,一个急于求成而忽视困难,或畏首畏尾控制不住自己的人往往会被困难所绊倒而被成功拒之门外。结局永远只能是不可原谅的悲剧。

潮起潮落,冬去春来,日出日落,自然界万物都在循环往复的变化中,人的情绪也不例外,总会时好时坏。情绪是指人们对环境中客观事物的特种感触所持的身心体验,是一种对人生成功活动具有显著影响的非智力潜能素质。如何控制住自己的情绪，形成稳重的气场，首先是控制住消极情绪，这关系到一个人在未来成功的路上能走多远。

看问题的消极方面，就会产生悲观的情绪，可是相当多的人不由自主地会选择悲观，所以必须学会控制自己的注意力以调控自己的情绪。美国有位科学家发现，原本心情舒畅、性格开朗的人，如果整天与一个心情沮丧、愁眉苦脸、唉声叹气的人相处，不久也会变得抑郁起来。

在人生的整个航程中，思维消极者一路上都晕船，无论眼前的境况如何，他们总是对将来感到失望。现实生活中，我们会因为一些问题而使情绪发生变化，也会因此认为，个人的情绪表现是由某些不顺心的事所引起的，其实并不是如此，由于我们在成长的过程中已经形成了许多固定的思维模式，当遇到不如意的事情时，我们就会认为那是不好的事情，这是消极情绪在作祟，它是我们成功最大的敌人。

如果有意让生活变得积极，从而不让它在我们的情绪中引起不良反应，或尽可能减小它所引起的不良反应，或利用它来产生一个有益的、积极的反应。无论做任何事情，只要带着振奋与热情，就会变得多姿多彩，情绪就会跟着开朗起来。一个人做事要有热情，讲话要有力，看事情要长远，以无比的决心去追求所期望的目标，而不是浑浑噩噩地过日子。要在工作中学会自我控制情绪，只有控制了情绪、具有稳重的气场，才能保持良好的人际关系，最终才能取得成功。

工作中，我们经常看到这样的现象：有的人经常喜怒无常，在意外事变面前惊慌失措、坐卧不安；有的人因为意见不同，和上司、同事发生激烈的争执，甚至引发人际关系的冲突；也有的人一旦遇到一点点的不如意，就会怒气冲冲，随时准备"讨个说法"。在遇到较强的处界刺激时，当被别人讽刺、嘲笑时，如果立刻生气，反唇相讥，则很可能引起双方争执。

一天，陆军部长斯坦顿来到林肯那里，非常生气地说一位少将用侮辱的话指责他偏袒一些人。林肯建议斯坦顿写一封内容尖刻的信回敬那家伙。

"可以狠狠地羞辱他一顿。"林肯说。

斯坦顿立刻写了一封言语犀利的信，然后拿给总统看。

"对了，对了。"林肯高声叫好，"要的就是这个！好好训他一顿，写得真绝了，斯坦顿。"

但是当斯坦顿把信叠好装进信封里时，林肯却叫住他，问道："你干什么？"

"寄出去呀。"斯坦顿有些摸不着头脑了。"不要胡闹。"

林肯大声说，"这封信不能发，快把它扔到炉子里去。凡是生气时写的信，我都是这么处理的。这封信写得好，写的时候你已经解了气，现在感觉好多了吧，那么就请你把它烧掉，再写第二封信吧。"

人活着总会有向现实妥协的时候，需要控制自己的情绪，这不是懦夫的表现，实则是一种以退为进的做事原则，是一个人成熟稳重的表现。客观存在的只是一种外界刺激，而刺激和烦恼是两回事，烦恼是人的主观情绪对刺激所做的一种反应。凡是允许其情绪控制其行为的人，都是弱者，真正的强者会迫使自己的行为控制其情绪。诚然，能否很好地控制自己不满情绪，取决于一个人的气度，涵养，胸怀，毅力。历史上和现实中气度恢宏、心胸博大的人都能做到有事断然、无事超然、得意淡然、失意泰然。正如一位诗人所说：忧伤来了又去了，而我内心的平静常在。

无论身处何时何地，都要保持一种稳重的生活态度和处世态度。控制好自己的情绪，就是要稳定情绪，绝对不要让不好的情绪扩散出去，从而影响自己的学习、工作及生活，限制自己气场的发挥。很多人并不缺乏机会和才华，但缺少控制自我情绪的意识和能力，不够稳重，没有稳重的气场，结果往往与成功失之交臂。控制好自己的情绪和情感，成功掌握在我们自己手中，除了我们自己，没有任何人任何物可以使我们畏惧、沮丧、烦恼，因此，我们要不断地培养自己良好的情绪控制能力，形成自己稳重的气场，只有这样才能取得成功。

第五章

职场中，
应该有的气场

忠诚是具有良好职业气场的关键

　　忠诚是一种责任，忠诚是一种义务，忠诚是一种操守，忠诚是一种品德，更是一种良好的职业气场，是其他所有能力的统帅与核心。忠诚是对自己所坚守的信念的忠实和虔诚，是对一个人最深度的评价。缺乏忠诚，其他的能力就失去了用武之地。丧失忠诚，就是对责任最大的伤害，也是对自己品行和操守最大的亵渎。

　　对员工来说，首先要忠诚于自己所在的企业。企业是员工发挥自己聪明才智的业务平台，对企业忠诚，实际上是一种对职业的忠诚。忠诚是对归属感的一种确认。

　　没有哪个公司的老板会用一个对公司不忠诚的人，企业的发展最需要忠诚的员工。只要员工自下而上地做到了忠诚，就可以壮大一个企业。相反，如果缺乏忠诚度，直接受到损害的是企业，甚至可能毁了一个企业。所以，员工的不忠，是每个老板所不能容忍的。

小张是一家企业的业务部副经理，刚刚上任不久。他年轻能干，毕业短短2年能够有这样的业绩也算是表现不俗了。然而半年之后，他却悄悄离开了公司，这出乎很多人的意外，没人知道为什么。小张自己也十分痛苦，他找到了老朋友来诉苦。

他说："知道我为什么离开吗？我非常喜欢这份工作，但是我犯了一个错误。我为了获得一点儿小利，失去了作为公司职员最重要的东西。虽然总经理没有追究我的责任，也没有公开我的事情，算是对我的宽容，但我真的很后悔，犯这样的低级错误，不值得啊。"

原来，小张在担任业务部副经理时，曾经收过一笔钱，对方没有要求开发票。当时，他的直接上司业务部经理说可以不用下账："没事儿，大家都这么干，你还年轻，以后多学着点儿。"小张虽然觉得这么做不妥，但是他也没拒绝，半推半就地拿下了这5000元。当然，业务部经理拿到的更多。没多久，业务部经理辞职了。后来，总经理发现了这件事，小张当然也不能在公司待下去了。

小张失去的是对公司的忠诚，这是对一个员工最起码的要求。无论什么原因，只要失去了忠诚，就失去了人们对你最根本的信任。无论何时，都不要为自己所获得的利益沾沾自喜，仔细想想，失去的远比获得的多，而且你所获得的东西可能最终还不属于你。每个人都应当记住，再多的智慧也抵不过一丝的忠诚。

作为一名公司员工，对自己的职业忠诚是最基本的要求。然而在现实生活中，很多人却把听话或者愚忠当作忠诚，认为忠诚就是向领导效忠，这是不正确的一种想法。真正的忠诚并不是放弃自己的个性和主见，并不是绝对和老板保持一个声音，更不是卑躬屈膝。真正的忠诚，最后要归结于对职业的忠诚，对我们的价值和信仰的忠诚。

如果你选择了为某一个公司工作，那就真诚地、负责地为它努力吧；如果它付给你薪水，让你得到温饱，那就称赞它、感激它、支持它。职场犹如战场，身在职场中的每个人，都应该把"忠诚"这个职业道德作为一种职场生存方式。

在当今这样一个竞争激烈的年代，谋求个人利益，实现自我价值是天经地义的事。但遗憾的是很多人没有意识到个性解放、自我实现与忠诚和敬业并不是对立的，而是相辅相成、缺一不可的。许多年轻人以玩世不恭的态度对待工作，他们频繁跳槽，这山望着那山高，觉得自己工作是在出卖劳动力。他们蔑视敬业精神，嘲讽忠诚，将其视为老板盘剥、愚弄下属的手段，"忠诚"这个最重要的职业道德在他们心中已没有栖身之处。

其实，忠诚是职场中最值得重视的美德，只有所有的员工对企业忠诚，才能发挥出团队的力量，才能凝成一股绳，劲往一处使，力往一处用，推动企业走向成功。公司的生存离不开少数员工的能力和智慧，却需要绝大多数员工的忠诚和勤奋。

在这个世界上，并不缺乏有能力的人，那种既有能力又忠诚的人才是每个企业渴求的理想人才。一般来说，企业宁愿信任一个能力一般却忠诚度高、敬业精神强的人，也不愿重用一个朝三暮四、视忠诚为无物的人，哪怕他能力非凡。

如果你忠诚地对待你的公司，公司也会真诚对待你；你的敬业精神增加一分，别人对你的尊敬会增加两分。公司会乐意在你身上投资，给你培训的机会，提高你的技能，因为在公司看来，你是值得信赖的。即使你的能力一般，但只要你真正表现出对公司的忠诚，你就能赢得公司的信赖。

标新立异让你的气场受益匪浅

　　"创新"字面的意义就是创造出新的事物，也许是新产品、新设计或新包装，把从未在市场上出现过的东西，在创新力的影响下带到市场。创新思维不仅是技术创新和产品创新的源泉，也是组织创新、营销创新、制度创新、商业模式创新等管理创新的源泉。

　　作为创新主体的个人，其创新思维能力受到思维定式、价值观等思维因素的影响，所以，必须克服这些思维障碍，才能激发创新思维的活力。

　　多年前，波特是诺基亚公司手机研发部的员工。研发部不像生产和销售部，没有什么硬性指标，但薪水比其他部门拿得还多。尽管这样，他每天好像都不是很开心。有同事忍不住就问他，波特说："我是在想，我们整天坐在研究室里，除了完成上面派给的任务，改进一下机型，就什么事也不做了，总是拿不出新创意，我倒是觉得不好意思了！"

"嗨，现在诺基亚手机已经是世界著名品牌了，不管是技术性能还是外观形象，早都深入人心了，还上哪里去找创意？"同事们都这样劝他。但波特还是暗下决心："一定要让诺基亚在自己的开发下有一个质的飞跃。"有了这个非同一般的目标后，波特更是寝食难安，每天除了完成公司下达的任务，满脑子就都是考虑如何让诺基亚更符合消费者的需求。

一天，在地铁里他有了一个发现：几乎所有的时尚男女都佩带着手机、一次性相机和袖珍耳机，这给了他很大的灵感："能不能把这三个最时髦的东西组合在一起呢？果真如此，不是既轻便又快捷吗？"第二天上班后，他马上找到主管，对他说："如果我们在手机上装一个摄像头，让人们在接听音乐的同时，把自己和外面能见到的所有美好事物都拍摄下来，再发送给亲友，那该多么激动人心啊！"主管被他的创意惊喜得高声叫道："好样的波特！我们马上就着手研制！"

这种具有拍摄和接听音乐功能的手机很快研制成功。它刚一推向市场，就大受青睐。就这样，波特不但实现了自身的价值，而且，还得到了应有的奖赏。更重要的是，在实现目标的过程中，波特得到了从未有过的快乐。

职场虽然瞬息万变，难以捉摸，但机会却像空气一样，时刻在我们身边流动。假如波特听从了同事们的话，不再带着一种创造性的眼光看问题，不再用创造性的思维做工作，也就不会有我们今天这么时尚便捷且功能丰富的手机。再或者被别的手机生产厂家抢占了先机，也就不会成就今天这个手机业的绝对霸主诺基亚，更别想谈波特自己的成就了。

创新思维需要打破常规，而思维定式是一种固定的思维模式和思考习惯，常常对形成创造性思维产生消极的作用。思维定式可能是在过去某一阶段的经验总结，是经过成功的经验或失败的教训验证的"正确思维"。但是，当事物的内外环境发生变化时，仍然固守"正确的"定势思维却行不通了，甚至要吃大亏。

有个经典小故事形象地说明了这个道理：

一家马戏团突然失火，人们四处奔逃，虽然没有人员伤亡，但那只值钱的象却被活活地烧死了。原来，当这头象被捕捉后，马戏团担心它会逃跑，便以铁链锁住它的脚，然后绑在一棵大树上。每当象企图挣脱时，它的脚便会被铁链磨得疼痛和流血。

经过无数次的尝试后，这头象并没有成功逃脱。于是在它的脑海中形成了一个思维定式：只要有条绳子绑在脚上，它便无法逃脱。因此，当它长大后，虽然绑在它脚上的只是一条细小的绳子，它也不会再做自认为徒劳无功的努力。

可见，不突破思维定式，就只能被原有的框架所束缚，就不可能激发出创新思维，取得新的成功。

在当今，在全球一体化、信息化的趋势下，技术发展日新月异，人类的知识总量五年就将翻一番，经济生活瞬息万变，每个人，都应当学会用世界的眼光从高处和远处审视自己，衡量自身，随时发现自己的弱点和缺点，通过探索和创新，迅速加以克服，以求赶上和超越时代的发展。否则，随时都有被淘汰的可能。

在上个二三十年代，福特一世以大规模生产黑色轿车独领风骚数十载，但随着时代的发展，消费者的消费需求也在发生着变化，人们希望有更多的品种、更新的款式、更加节能减耗的轿车。而福特汽车公司的产品，不仅颜色单调，而且耗油量大，废气排放量大，完全不符合日益紧张的石油供应市场和日趋严重的环境保护状况。

此时，通用汽车公司和其他几家公司则紧扣市场脉搏，适时调整了战略规划，生产节能减耗、小型轻便的汽车，在70年代的石油危机中，跃然居上。福特公司前总裁亨利·福特曾深有体会地说："不创新，就灭亡。"

"创新"不仅使福特汽车免除了破产的威胁，更使它在市场竞争中处于有利地位。在职场内，有创意、敢创新是一项市场竞争力，不少企业也正走向创意工作的模式。一般人对于新的事物都会产生不熟悉的恐惧感，虽然在当今时代，人人都说欢迎变革，但并不是说要改变自己，因为员工们适应了目前的企业状况，习惯了舒适的环境，就比较难有创新力。

员工的创新力，源自他们对企业服务或产品的熟悉，愈了解细节，愈能找到创新的方向。这样，员工才能上下一心，达成共识，为创新做好准备，配合企业未来的发展。

创新是个人在白热化的市场竞争中决胜的王牌，"不创新，就灭亡"不仅是市场竞争的定律，更是个人取胜的"资本"。想成为高效能的金牌员工吗？创新能够让你梦想成真。

能承担大任的气场

　　在职场中，相信大家都遇到过这样的事情，有两个人，学历相当，资历也差不多，但是重要的项目往往都会落到其中一个人的头上，另一个人却只能当助手。这是什么原因呢？因为这两个人的气场不一样。所以，在职场上，想要承担要职，能够发挥出自己的才能和价值，首先要培养出能够承担大任的气场。而这种气场的精髓就在于在工作中勇于承担责任。

　　著名企业家松下幸之助说："做人跟做企业都是一样的，第一要诀就是要勇于承担责任，勇于承担责任就像是树木的根，如果没有了根，那么树木也就没有了生命。"

　　有一次，英国女王参观著名的格林尼治天文台。当她得知任天文台台长的天文学家詹姆·布拉德莱的薪金级别很低时，表示要提高他的薪金。布拉德莱得悉此事后，恳求女王千万别这样做，他说："这个职位一旦可以带来大量收入，那么，以后到天文台来工作的人将不会是天文学家了。"

美国石油大王约翰·洛克菲勒曾说过："……除了工作，没有哪项活动能提供如此高度的充实自我、表达自我的机会，也没有哪项活动能提供如此强的个人使命感和一种活着的理由。工作的质量往往决定生活的质量。"

有些人在日常工作中很聪明也很能干，但却业绩平平，甚至常出纰漏，究其原因，就是他们缺乏责任心。当懒散敷衍成为一种习惯时，不但工作效能降低，而且还会使人丧失做事的才能，人们渐渐会轻视他的工作，轻视他的品格。那么，自然领导也不会把重要的任务交给他去完成。

社会学家戴维斯说："放弃了自己对社会的责任，就意味着放弃了自身在这个社会中更好的生存机会。"简单地说，承担大任的气场就是在工作中勇敢担当。一个勇于承担责任的人，会因为这份承担而让气场变得更有分量。因此，重要的工作，领导会交给那些平日里在工作中有责任心的人，他们在日常工作中的表现，让他们的气场表现更能赢得领导的信任。而如果把重要的工作交给了一个没有责任心的人，后果则是不堪设想的。

1967年8月23日，苏联著名宇航员弗拉米尔·科马洛夫独自一人驾驶"联盟一号"宇宙飞船，经过一昼夜的飞行，完成任务胜利返航。此刻，全国的电视观众都在收看宇宙飞船返航的实况转播。飞船返回大气层后，准备打开降落伞以减缓飞船速度时，科马洛夫发现无论用什么办法也无法打开降落伞了。地面指挥中心采取了一切可能的救助措施想帮助排除故障，但都无济于事。经请示政府决定将实况向全国人民公布。

当时播音员以沉重的语调宣布："'联盟一号'宇宙飞船由于无法排除故障，不能减速，两个小时后将在着落地附近坠毁，我们将目睹民族英雄科马洛夫殉难。"

事后调查结果证明，造成事故的原因是地面检查人员责任心不强，忽略了一个小数点。

当你对工作充满责任感时，就能从全身心投入工作的过程中提升自己的气场。有些人并无过人之处，但做事却目标明确、坚毅果断、敢做敢当，这样的人总能事业有成并深得同事信任，拥有良好的气场，分析原因也很简单，他们对人、对事、对工作有强烈的责任心。可见，责任心是能够承担大任的气场中必备的一个条件。

我们在职场中常听到这样的话："这不归我管""我很忙，实在没时间考虑那么全面""经理，我试过了，真的没办法"。

为自己开脱是我们最原始、最基本的防卫机制。我们似乎很容易就学会了为自己推脱责任。"不是我干的！""别指责我！这不是我的错！"

当我们在如此努力地为自己开脱的同时是否也想到了自己的责任？勇敢承担责任的人才能最终赢得别人的尊敬和信任。

美国总统罗纳德·里根11岁的时候在他家门前的空地上踢足球，一不小心，踢出去的足球不偏不倚地打碎了邻居家新装的玻璃窗。愤怒的邻居要求他赔偿12.5美元。在当时，12.5美元是一笔不小的数目，这远远不是一个11岁的孩子能拿出来的。小里根只好向父亲讲了这件事，父亲拿出了12.5美元，对小里根说："这笔钱我可以借给你，但是一年后你必须还给我。因为，承担自己的过错是一个人的责任，你不能选择逃避。"

里根把钱付给邻居后，开始努力地攒钱，所有的零用钱他都存了起来，经过半年的不懈努力，男孩终于挣够了12.5美元，并把它还给了父亲。

后来，里根在回忆往事时，深有感触地说："那一次闯祸之后，我懂得了做人的责任。"

事实上，只有那些勇于承担责任、具有很强责任感的人，才能拥有让人信任的气场，才有可能被赋予重要的使命，才有资格获得更多的尊重、更大的荣誉。

对每个人来说，每时每刻都要记住工作所赋予的荣誉，牢记责任和使命。如果一个人不能将承担责任变为自己气场中的一部分，就会被这个竞争激烈的社会所淘汰。

气场是一个人精神境界的外在反映。所以，一个有责任感的人，他的气场让他很容易就获得别人的信任。一个人的学识、能力、才华都是构成自己独特气场的一部分，但责任感、责任意识、责任心更是气场中不可或缺的因素。我们可以这样说，责任是提升气场的阶梯，责任意识是构成良性气场的重要因素。

赢得客户的气场

　　客户，是很多职场人心中的一种痛，很多人对自己的客户真是又爱又恨。也有很多职场人四处寻觅搞定客户的秘方。

　　对于客户，我们不需要把他当成假想敌，也不用逆来顺受。其实，客户就是一个普通的职场人，和客户打交道的时候，处理这种客户关系的时候，我们需要记住一点，要你的气场赢得客户的肯定。一旦你的气场发挥了作用。你会发现，合作起来自然水到渠成。

　　东京的一家贸易公司，有一位工作人员专门负责给客商购买车票。她常给德国一家大公司的商务经理购买来往于东京与大阪之间的火车票。不久，这位经理发现每次去大阪，座位总在右窗口，返回东京时又总在左窗口。经理询问该工作人员为什么要这样做，她笑着说："外国人都喜欢富士山的壮丽景色，所以我为您买了不同的车票。"

这种不起眼的小事却是赢得客户的一种气场，这位经理十分感动，他把对这家日本公司的贸易额提高了三倍。

为什么有的推销员可以把顾客原来不想买的东西推销出去；相反，有的推销员可能连顾客原来想买的东西都推销不出去。就好像我们看电视的时候，有的主持人可以将台上台下的气氛调动起来；而有的节目主持人只能使原本就很沉闷的气氛显得更加糟糕。这些现象的根源，其实都很简单，因为气场。气场强大的推销员，可以把东西更容易的卖出去。而气场弱的人，则不能说服客户，也不可能把产品推销出去。

日本寿险业，有一个声名显赫的人物。日本有近百万的寿险从业人员，其中很多人不知道全日本20家寿险公司总经理的姓名，却没有一个人不认识原一平。他是日本保险业连续15年全国业绩第一的"推销之神"。

原一平去拜访一位退役军人。军人有军人的脾气，说一不二，刚正而固执。如果没有让他信服的理由，讲再多也是白费心机。所以，原一平直截了当地对他说："保险是必需品，人人不可缺少。"

"年轻人的确需要保险，我就不同了，不但老了，还没有子女。所以不需要保险。"

"你这种观念有偏差，就是因为你没有子女，我才热心地劝你参加保险。"

"道理何在呢？"

"没有什么特别的理由。"

原一平的答复出乎军人的意料之外。他露出诧异的神情。

"要是你能说出令我信服的理由，我就投保。"

原一平不慌不忙地说："我常听人说，为人妻者，没有子女承欢膝下，乃人生最寂寞之事，可是，单单责怪妻子不能生育，这是不公平的。既然是夫妻，理应由两个人一起负责。所以，当丈夫的，应当好好善待妻子才对。"

原一平接着说："如果有儿女的话，即使丈夫去世，儿女还能安慰伤心的母亲，并担起抚养的责任。一个没有儿女的妇人，一旦丈夫去世，留给他的恐怕只有不安与忧愁吧，你刚刚说没有女子所以不用投保，如果你有个万一，请问尊夫人怎么办？你赞成年轻人投保，其实年轻的寡妇还有再嫁的机会，你的情形就不同喽。"

军人先生默不作声，一会儿，他点点头，说："你讲得有道理，好！我投保。"

要客户购买保险，你要有让客户信服的理由。也就是说，你要能征服客户的气场。对客户晓之以理，动之以情，站在客户的立场，多为客户考虑，定能找出使客户信服的理由。

在最短时间内获得一个陌生人的信任是需要让人信服的气场，这个气场，可以让客户信任你，只有在这个信任的基础上开始销售，才有可能达到销售的最后目的——签约。

有这样一个故事，也是说明了能够征服客户的气场是多么重要。

一个推销照相机的年轻人，在忙碌了一天后，终于要完成今天的推销任务了，但是，这个时候，他却发愁了，因为，最后一个相机，还拿在自己的手里。可是，这条街上的店铺，他都已经拜访过了。最后，没办法，他走进了一家杂货店。

年轻人走进杂货店，老板是一位女士。

"夫人，晚上好！我有一样好东西，您一定会感兴趣的。"说着，他亮出了相机。

"300元。"

老板看出他是来推销的，于是直接开价。

"这是目前口碑最好的数码相机！"

"我已经有三台了，都是300元进货！"

"我进价要500元呢！"

"我只付300元！"

年轻人扫过柜台中的商品。

"你已经有三台数码相机，同款的？"

"没错！"

"那么有四台会比……三台更好卖！"

"把两台标同价，第三台标低一点，第四台标高点，想买相机的客人进来后，会认为最低价的是廉价品，或是瑕疵品，这样他就会考虑而且会想跟你讲价，换言之，他就上钩了！"

年轻人肯定地说。

"顾客不会买第三台，因为他担心品质有问题，于是他会考虑前两台，还以为自己赚到了，因为还有一台更贵，或者他会因为好奇而买第四台。我的意思是，为什么这一台比较贵呢？你就告诉他，那台是全新的，顺便指出前两台也是全新的，唯一的差别是第四台附盒子，他会挑前两台便宜的之中买一台。"

老板俯身听着，对他的建议甚是感兴趣。

"因为他会觉得捡到便宜，或者他会加点钱买有附盒子的第四台，因为他打算送人当礼物，有盒子看起来像新品，免得被发现是在当铺买的。"

"你的意见不错。请继续。"

"所以你只要买我这台附盒子的相机，原本那三台就身价大涨！"

"唯一的问题是……我那三台相机都有盒子！"

老板嘴角挂着得意的笑容，他想难为一下这个年轻的推销员。

年轻人直视着老板，然后自信地说："你拿出盒子来，我的相机就送给你，要是你拿不出来你就付600元买我的！"

"你很有自信嘛！"

"你没有盒子，对吧？"

"没错。所以，600元，我们成交。"

"成交！"年轻人兴奋地说道！

推销的都是客户并不需要的产品，看上去都是一件不可能完成的任务，对大多数销售人员而言，都会是不可能有结果的结果。但是，对于推销高手与销售精英而言，更多接受的却正是类似不可能完成的任务和超越自我的挑战，而他们所要求完成的工作的秘诀就是，修炼自己的气场，用气场来赢得客户。

得到上司认同的气场

　　气场本身就是一种特殊的影响力，一种表达自己的信号。修炼气场的方法也很简单，积极主动的工作。那些积极主动去做好本职工作的人，不管在哪一行都很吃香，他们的位置自然得到了巩固。而那些什么事情都要等着老板来吩咐的人，永远也难成为一个卓越的人。

　　如果一个员工还抱着"不求有功，但求无过"的心态去做事情，那他是一种散漫的，不能获得上司认同的气场，其职业生涯的前景怕是很难乐观。对员工来说，只有积极主动的工作，用实际行动证明你的工作能力，充分体现你的个人价值，你的气场才能传达到上司的眼里。只有每一个员工的气场得到提升后，职业生涯才会长期发展。

　　有一位公司的总裁说道："曾经有人问我，什么样的员工是

第五章　职场中，应该有的气场 / 193

称职的，我说，如果这位员工在休息的时候还会经常想着工作，想着如何把工作做得更好，那么这个员工就是主动的，就是称职的。现在的企业实在是太需要这样的员工了。"

如果你不只是为薪水而工作，而是全心全意地努力工作，你就会发现，你的工作能力会逐步提高，这样的话，你就会为自己的成长而感到高兴。同时，你的薪水也会在不知不觉之间得到提升。因为你工作努力，就会为老板创造业绩，为老板创造业绩，老板就会奖励你，不管这种奖励是提升薪水，还是提升职务。

德尼斯最开始在杜兰特公司工作时，只是一个很普通的职员，但现在他却成了杜兰特先生最得力的助手，成为一家分公司的总裁。他如此快速地得到升迁就是因为他总是设法使自己多做一点工作。

德尼斯刚来杜兰特公司工作时，他发现，每天大家都下班后，杜兰特依旧会留在公司工作到很晚，于是德尼斯决定自己也留在公司里。虽然谁也没有要求他这样做，但他觉得他应该留下来，在杜兰特先生需要时给他提供帮助。杜兰特先生在工作时经常找文件和打印材料，最开始他都是亲自做这些工作。后来他发现德尼斯时刻在等待他的吩咐，于是便让德尼斯代替他去做这些工作……

杜兰特之所以愿意召唤德尼斯为他工作，就是因为德尼斯自愿留在办公室，使杜兰特随时可以见到他。尽管德尼斯并没有多获得一分钱的报酬，但他获得了更多的机会，让老板认识了他的能力，为自己晋升创造了条件。

要想获得最高的成就，你必须永远保持主动，哪怕你面对的是多么令你感到无趣的工作，这么做才能让你获取最高的成就。自觉地工作吧！这样一种工作习惯可以使你成为领导者和老板。那些获取了成功的人，正是由于他们用行动证明了自己敢于承担责任而让人百倍信赖。

不去主动进取的话，那就永远只能是一个业绩平平者。好员工要学会主动，关键是不要给自己设限。这个"限"就是指你觉得自己已经做的足够多、足够好。主动工作的过程中，你不必在意老板有没有注意到，也不必计较你多做的事情会不会得到报酬。如果你能达到这种境界，你最终的价值必然决定了你不可替代的"身份"。

真正的人才是积极想办法为企业创造财富的人。哪怕你是技术、能力最强的一个，但并不能表明你是最有价值的员工。只有那些有长远目标，有想法，有创意，能为公司在业绩上做出成绩的员工才是最棒的。

真正有远见的人懂得：工作，凭的是业绩，是实力。要想成为职场中的佼佼者，要想超越其他人，那么，就要毫不懈怠、竭尽全力地把你那一行钻研透彻。事实表明，品格优秀，又业绩斐然的员工，是最令老板倾心的员工。如果你在工作的每一阶段，总能找出更有效率、更经济的办事方法，你就能提升自己在老板心目中的地位。

可见，一个具有高度责任感、积极为公司发展献计献策的员工，他的气场必然会被老板注意到，必定会受到重用。积极的态度对于在学校、工作与生活中取得成功是基本的。你的态度比其他任何因素都重要，能影响任务的结果。

气场是驱使你行动的内在驱动力。当你面对挫折，感到沮丧时，气场可以帮助你复原，让你重回正轨。你可能会拥有技能、经验、智力与才能，但是如果你没有动力引导，将你的精力指向特定目标，那么你所能实现的东西将少之又少。这就是气场的重要性。

让同事喜欢你的气场

　　一个优秀的职场中人，其气场必定有着非常大的吸引力，在职场有良好的口碑。

　　拥有一个吸引人的气场，需要你对他人鼓励、倾听、表现同情。你努力关注与理解他人，而不是说服，你希望找到双赢策略，清楚、准确与直接地沟通。

　　如果你很开朗，有你的世界就会拥有快乐，同事们会主动拉近与你的距离。多跟别人分享看法，多听取和接受别人意见，这样你才能获得众人接纳和支持，方能顺利推展工作大计。也许你态度严厉的目的只为把工作做好，然而看在别人眼里，却是刻薄的表现。

　　有一个朋友，在一个大公司做客服，客户对她的工作很满意，可是，同事却对她有意见，她很苦恼。

在她的心中，对于自己的工作是这么理解的：客服，就是为客户服务，就是要做到让客户满意。所以每当客户提出什么要求，她都一口答应，完全不考虑需要配合的其他部门的同事是不是能够做到。甚至有的时候客户提出很过分的要求，她也会不加考虑地答应下来，要是同事们没有按时完成，她就会很生气地抱怨同事，觉得没有做到客户的要求是不对的。

公司里的很多人对她意见很大，而她自己也很苦闷，后来有人帮她出了一个主意：把同事也当成客户，试着让他们也满意。

结果，当然不错。她得到了同事的认同，客户的认同，老板的加薪升职。

你的气场中表现出来的负面影响，则会起到"负作用"，如同感冒，眼前虽然看来只是小小的麻烦，但如果你的"抵抗力"不够，并发症便会接连不断，让你的职业生涯顿时险象环生。改变气场，才能改变同事对你的看法。

作为职场中人，或许每个人都会问自己这样的问题，除了上面这样的故事，也有很多职场人有其他的苦恼。有的人，希望可以成为办公室的"明星"。那么，如何才能让自己成为一个人气高、有魅力的"办公室明星"呢？其实最关键的就是在人际交往中，你的气场是否符合你希望做到的位置。

艾瑞卡是一个很出色的销售。每个月，月底考核的时候，她的成绩都是最好的。她希望她的业绩可以让她成为销售经理。可是销售经理的职位虽然空缺，却一直落不到她的头上，因为艾瑞卡是个豪放的女孩子。穿着牛仔衣，旅游鞋，走路呼呼生风。说话举止完全没有女孩的秀气。因此，虽然业绩很好，可她的上司还是很犹豫，担心她是否有能力率领团队作战。

艾瑞卡知道问题出在哪里，因为她的气场错了，不符合这个经理的职位需要。为了改变自己，她褪去经年不变的牛仔衣，拉直了秀发，换上非常职业的套裙。她再想与男同事打闹时，发现很难再将胳膊挥舞起来。而窄窄的套裙也迫使她走起了淑女的小碎步，不能再在办公室里大步狂奔。

气场变的庄重的艾瑞卡换来了同事对等的态度，男同事们不再拍着她的肩和她说粗话，她的领导也感受到了她流露出的庄重。因此，很快，艾瑞卡得到了梦寐以求的职位。

那么，我们到底要怎样才能拥有让别人喜欢的气场呢？我们可以先分析一下，人们对气场的需求。你会发现，人们大多喜欢那些拥有和自己比较相似气场的人，这包括信念、价值观和个性的相似，社会地位的相似，年龄的相似，也包括社会地位相近、容貌相当的人交往。同时，人们也喜欢与自己气场相反的特质，因为往往，自己没有的，更能吸引自己。

所以，想要自己的气场获得周围人的认同，那么就要看看周围同事的气场是什么类型的，然后，试着让自己的气场能融入其中，却有保持自己的特性。这样的气场才会更有吸引力。

第六章

生活中，
不可或缺的气场

改变气场需要你的主观能动性

　　一个人具有积极主动的意识，不仅能使自己在困境面前力挽狂澜，回天有力，而且在平常的生活、工作和交往中也会处于有利地位，时时把握先机。

　　一位心理学家在他的小女儿第一次上学之前，教给他的宝贝女儿一个秘诀，那就是在学校里要多举手——尤其在想上厕所时。于是，他的小女儿遵照父亲的叮咛，不只在内急时记得举手，老师发问时，她也总是第一个举手，不论老师所说的、所问的她是否了解，或是否能够回答，她总是举手。

　　随着日子一天天过去，老师对这个不断举手的小女孩，自然而然印象极为深刻。不论她举手发问，或是举手回答问题，老师总是不自觉地优先让她开口。谁知这种做法，竟然令这位小女孩在学习的进度上、自我肯定的表现上，甚至于许多其他方面的成长，都大大超越了其他的同学。

几乎所有成功人士都具有事事主动的习惯。通常，有些人总觉得自己处处被动，处处受人压制，殊不知，这种被动局面完全是由自己造成的。如果你事事主动，事事想在前面，干在前面，你就会从被动的局面中解脱出来。

在古希腊时，佛里几亚国王葛第士以非常奇妙的方法在战车的轮上打了一串结。他预言：谁能打开这个结，谁就可以征服亚洲。可是，一直到公元前334年还没有一个人能将绳结打开。

这时，亚历山大正率军入侵小亚细亚，他来到葛第士的绳结前，连考虑都没有考虑就拔剑砍断了它。后来，他果然一举占领了比希腊大50倍的波斯帝国。

进攻，必须强调主动，一切自卑、畏缩不前和犹豫不决的行为，都会导致人格的萎缩和做人处世的失败。改掉坏习惯，就应该有亚历山大的气概，就应有那个小孩的果断和勇敢。彻底改掉坏习惯，让好习惯引领自己走向成功。

有人认为："江山易改，本性难移。"就算知道自己有坏习惯，就算自己已经意识到了，你又能拿它奈何？其实这样想是完全错误的！与建立良好习惯一样，其相应的就是克服不良习惯，正所谓："不破不立。"如果你不改掉不良习惯，那么好习惯就难以建立起来。其实，坏习惯并不属于我们自身，它与好习惯一样，不是与生俱来的，也是可以改变的，只要我们有决心，只要我们能积极主动地去改变它。

要想在烦乱的社会中取得成功，就必须强调主动。在人生中，人人都会面临困境，常常处于被动的状态只会被困难压倒，若对困难无所畏惧，勇敢的向前，化被动于主动，一切困难也都会销声匿迹。

因此，你不妨试一下下面这些方法，想必你也会觉得转换生活观念和习惯不会再是一种难事：

——你可以承认："我过去曾认为自己……"，但是不要把自己限定在这个判断中，而是用行动证明你已经从过去的阴影中走出来，完全是一个鲜亮充满活力的个体。

——选出那些最常用的消极描述，每天消除一个。告诉你周围的朋友、同事，你将努力改变它们，请他们帮助提醒你。

——为自己制定行动上的目标，从小事做起。比如：你曾认为自己是一个害羞的人，那么不妨主动去结识一个你以前可能不敢主动接触的人。

——用写行为日志的方式记下每天你使用自我性标签的具体时间和地点，并努力减少这种行为。

——每当你发现自己又说了令人沮丧的话，就立即改正自己。告诫自己："只要努力一下，我就可以改变自己"、"我现在与以前不同"、"懒惰和颓唐都不是我的个性"。

不要为你的消极和惰性寻找借口，这些都是前进的障碍，自己的不良状态无异于未战先败。相信自己，只要自己肯努力，就能够从过去的阴影中走出来，成为一个全新的自己，以更自信更坚定的脚步走向明天的胜利。

控制欲望，由内及外塑气场

人人皆有欲望，贪财、贪色、贪名、贪食、贪睡。贪而无厌，没有停止的时候。看见美丽的颜色，美丽的形象，悦耳的音乐，香甜的美食等等，就着迷了，必定设法得到手，才肯罢休。

从前，有一位师父和小和尚一起下山化缘。当他们走到一处河水前，看见一位美丽少女在那里踯躅不前，少女显出恐惧的样子，担心自己过不去跌倒水里。

老师父看在眼里，走上前去："这位女施主，贫僧背你过去吧。"然后，老师父就把少女背过了河。小和尚跟在后面，对师父的行为很不理解，一直都沉默不语。到了晚上他实在忍不住，就对师父说："我们出家人受了戒律，是不应该近女色的，你今天为什么要背那个姑娘过河呢？"

"你说那个姑娘呀！我早就把她放下了，你还抱着吗？"师父心怀坦荡，未觉得姑娘不可怀抱，而小和尚心有欲望，不抱却似抱，心里一直没有放下。师父把姑娘背过河，并没有在心里记住，小和尚一直想着清规戒律、不接近女色，虽然他没有背姑娘过河，但是心里却一直没有放下，在心里产生了欲望。其实，学佛告诉我们，佛祖是在心中的，不是给别人看的。

欲望是一切烦恼之源，根绝了欲望，自然就没烦恼。小和尚由于心里产生了欲望，一直没有把姑娘在心里放下，因此给他自己带来了烦恼。

世上本无事，庸人自扰之。其实所谓的烦恼，大都是自己给自己添加的枷锁。欲望太多，烦恼太多。无欲无求，自无烦恼。然而人毕竟只是肉眼凡胎，衣食住行，七情六欲，皆与欲望挂钩。因此，人不可避免会烦恼。

还有一个例子，说的是唐肃宗的事情：

南阳慧忠禅师被唐肃宗封为"国师"。有一天，肃宗问他："朕如何可以得到佛法？"

慧忠答道："佛在自己心中，他人无法给予！陛下看见殿外空中的一片云了吗？能否让侍卫把它摘下来放在大殿里？"

"当然不能！"

慧忠又说："世人痴心向佛，有的人为了让佛祖保佑，取得功名；有的人为了求财富、求福寿；有的人是为了摆脱心灵的责问，真正为了佛而求佛的人能有几个？"

"怎样才能有佛的化身？"

"欲望让陛下有这样的想法！不要把生命浪费在这种无意义的事情上，几十年的醉生梦死，到头来不过是腐尸与白骸而已，何苦呢？"

"哦！如何能不烦恼不忧愁？"

慧忠答："您踩着佛的头顶走过去吧！"

"这是什么意思？"

"不烦恼的人，看自己很清楚，即使修成了佛身，也绝对不会自认是清净佛身。只有烦恼的人才整日想摆脱烦恼。修行的过程是心地清明的过程，无法让别人替代。放弃自身的欲望，放弃一切想得到的东西，其实你得到的将是整个世界！"

"可是得到整个世界又能怎么样？依然不能成佛！"

慧忠问："你为什么要成佛呢？"

"因为我想像佛那样拥有至高无上的力量。"

"现在你贵为皇帝，难道还不够吗？人的欲望总是难以得到满足，怎么能成佛呢？"

人都有七情六欲，一般情况下，欲望就像一条大河，它汹涌澎湃、奔腾不息，不断地驱使着人们去忙碌，追寻。有的人去追求金钱；有的人去追求名利；有的人去追求事业；有的人去追求爱情；有的人去追求长寿。欲望的内容因人而异、因人的不同阶段、不同处境而异，但总而言之，人的欲望实在是太多太多了，相比之下，能满足的欲望实在是太少太少了。

相信不少人都读过俄国作家普希金的著名童话诗《渔夫和金鱼的故事》。

海边住着一对贫穷的老夫妻，他们靠着打鱼为生。一天，老头在海里网到了一条金鱼，金鱼哀求老人放了她，并答应给老人以很重的报偿。老人没有要任何的报偿就把金鱼放了。

回家后，老太婆闻知此事，大骂老头是傻瓜，说"不要白不要，哪怕要个木盆也好嘛！"老头受不了老太婆唠叨，只得去找金鱼要木盆，金鱼使他如愿了。老头满以为老太婆这回会高兴了，没想到又惹来一顿骂："一个木盆值个屁钱，蠢东西！去要一座房子！"老头无奈，又去找金鱼，金鱼二话没说，立即把他家的茅棚变成了漂亮的新房。

老太婆依然不满足，又逼老头去找金鱼，想把自己变成一个世袭的贵妇人，金鱼果然又使老太婆如愿以偿了。可只过了一两个星期，老太婆又不满足了，想当女皇。由于老太婆一而再再而三的欲望，惹怒了金鱼，老夫妻又回到了原来的困苦生活。

其实，生活原本没有痛苦，生活原本没有烦恼，当欲望之火被点燃后，烦恼就来敲你的心门了。当你开始计较得失，贪求更多时，痛苦便来缠身了。

其实，人生很简单，找准自己的人生目标，即挑选自己最合适最感兴趣的一件事，用一生去完成它。不用太多，一件，只要一件就够了。别人成功与失败与你无关。你只和你自己比，有没有一天天在进步，有没有一天天在超越自己、战胜自己。

塑造强气场，高调做事

高调做事是一种充满睿智，激昂澎湃的做事艺术。何谓"高调"？高调是一种积极向上、乐观洒脱的心态，是雄心与气魄的显现，是一种高姿态的做事风格。在命运的土壤中播撒顽强的种子，在绝望中生出希望的光芒，外界的障碍可以阻挡一个人的出路，但却阻挡不了一个人的意志。不向命运低头，不向命运屈服，不仅体现了一种高调做事的硬气，更显示出一种高调立世的策略。

调子高才能起点高，起点高才会成就大。"取乎其上，得乎其中；取乎其中，得乎其下。"如果做事的起点高，定位高，标准高，那么质量也高，结果也好。因此，高调做事的前提就是拥有奔腾不息的雄心以及搏击长空的宏伟志向。面对命运的挑战，只有选择做生活的强者，才能紧紧扼住命运的咽喉，披荆斩棘，一往无前。因此，若想高调做事，首先要做自己命运的设计师，精心地雕琢自己的事业，这样才可能出现另一番天地。

明宇和叶子同时考入同一所知名高校。在校期间，两个人都是非常优秀的学生。毕业时，两人又被同一家国际知名大企业聘用。

因为是校友，两人自然成了好朋友。从普通大学生一下子跨入白领阶层，这让他们身边的人艳羡不已。叶子对这份待遇优厚的工作非常满意。

现代社会竞争非常激烈，为了保住这个"金饭碗"，叶子总是小心翼翼地工作，生怕出一点差错。

与叶子相比，明宇则完全不同。虽然到公司以后，工作也非常出色，并且博得了上司的赏识，但明宇觉得这家公司不太适合自己。于是在工作了一段时间，积累了一定的工作经验之后，明宇毅然决定辞去这份工作，下海闯荡。临行前，明宇跟叶子打了个招呼，并把自己的想法告诉了她。

"你简直是疯了！放着好好的工作不做，却要下海。你以为生意就那么好做？要是破产了怎么办？"叶子对明宇的想法非常不理解。

"我们年轻，年轻就是资本。我觉得这份工作不太适合我，我要出去闯一闯。我相信我有足够的能力做出一番事业，我完全可以自己当老板！"明宇充满信心地说。

"我们刚工作没多久，不要有那么大的野心。对我们来说，稳定是最重要的，并且我们的工作不错，待遇已经非常好了，别人想找这样的工作还找不到呢！"叶子善意地规劝明宇。

"叶子，现代社会的竞争非常惨烈，我们不能总安于现状，进取心是非常重要的。我要向自己发起挑战，你也一样，别总是安于现状。你要衡量这家公司到底适不适合自己。不管是走是留，你都要有进取心才行。"明宇反过来劝叶子。

最后，明宇离开公司下海闯荡去了，最终成就了自己的一番事业，而叶子依旧悉心呵护着那份稳定而待遇优厚的工作。

明宇果断行动、敢闯敢干的高调做事风格，为自己赢得了一个不断超越过去、挑战未来的机会。高调做事者不仅拥有"咬住青山不放松，任尔东西南北风"的心态，而且讲究做事的方法与艺术，颇有大将风范。

人生就是一个不断奋斗前进的过程。做事讲究"高调"，在挑战自己的同时，也在搏击人生。强者愈强，弱者愈弱。面对人生道路上的高山险峻，高调做事者能够始终如一地冲在最前方，独领风骚。无论是处于弱势还是置身强势，高调做事者都会保持强者风采。

能主宰自己命运的人，可以使沙漠中长出绿洲；被命运主宰的人，他的生命将会变成沙漠。大凡高调做事者，多是能够主宰自己命运的人。一个人只要胸怀远大的理想和奋斗目标，敢于高调做事，就会有无穷无尽的力量。

只有高调做事者，才能把握命运，才能把自己的想法变为现实，无论遇到什么困难都会勇往直前。在高调做事者的眼中，失败是一种动力，鞭策他们更加奋力拼搏。

立即行动，去做你想做的事吧。提升自己的人格、发展自己的个性，最重要的是高调地去做你想做的事情。

用和谐的气场滋养家庭

俗话说，家和万事兴。一个家庭的生命力集中体现在家庭文化上。健康和谐的家庭文化是家人之间情感的"黏合剂"，它会把家庭成员紧紧地联系在一起，使家真正成为每一位家人的精神归宿和心灵港湾。

生活的真谛在于"活得快乐"，因此，我们要用和谐文化来滋养和谐家庭，每一个家庭成员都有义务营造和维护家庭的快乐氛围。营造和谐的家庭氛围，一定要善于化解家庭中随时可能发生的矛盾和冲突，善于在家庭成员之间及时沟通，把矛盾解决在萌芽状态。

和谐家庭的重要性对我们每个人来说是不言而喻的。下面这个故事就充分说明了这个道理。

在一个寒冷的冬日，女主人一出门就看见四个蜷伏在柴堆旁冻得发抖的老人。

吃午饭之前，女主人和家人说起了这件事，于是，她先生立马要她去请四位老人进屋吃饭。女主人来到柴堆前看见四位老人还在，就把先生的意思跟他们说了。四位老人犹豫了一下，说：我们不能一起进去，只能进去一人。接着又说，我们四人分别叫财富、成功、平安、和谐，你去问一下你先生，看他愿意请谁进去。女主人又回头问先生。先生说"财富"最好，就请"财富"，儿子却说还是请"成功"吧。在出现分歧的情况下，女主人自己倒是有点想请"平安"，于是她也说了自己的想法。一旁的女儿说话了："我看最好请'和谐'"。

先生听了女儿的话，觉得有道理，全家人终于达成了一致。女主人又出门把他们的决定对四位老人说了，于是她领着"和谐"往家里走，快进门时她回头一看，四位老人都跟来了。女主人不明，就问其中原因："你们不是说好只来一人吗？""和谐"笑着回答："你们请了其他三位中的任何一位，就只来一位，你请了我就等于请了我们四个，我们是不可分的。"

这个故事告诉我们，当我们想要拥有财富、成功、平安……时，我们往往要先拥有和谐。和谐的家庭是快乐的港湾，和谐的家庭永远是幸福的源泉。

家庭需要经营，和谐需要创造。和谐的家庭是谦恭礼让，是子孝妻贤，是尊老爱幼，是家和业兴。和谐家庭，意味着责任、奉献、宽容和理解。有爱才有责任，有责任才会为之奋斗，因为爱是一种付出，深沉执着的家庭之爱不会因岁月的流逝而改变，不会因容颜的衰老而消失，它宛如陈年老酒，愈酿愈醇，愈醇愈浓……

拥有一个和谐的家庭既然如此重要，那么我们怎样才能构建一个和谐的家庭呢？下面这则故事将对我们有所启发。

一个老太婆让老头子把马牵到市集上，卖了或交换些什么回来。老头子就从牛、羊、鹅、烂苹果一路换了下来。看似心血来潮的行为，其实每次的交换老头子都有自己的想法，而且都考虑到老太婆会怎样高兴。

在酒店，有两个英国人得知老头子用马最后换了一袋烂苹果，认为老太婆肯定会骂甚至会打老头子，而老头子却认为老太婆会因此而吻他。于是，两个英国人用一桶金币和老头子打赌他会不会挨骂。

回到家，老头子逐次告诉自己的交换，而老太婆居然每次都很高兴，因为老头子的每一次交换都在考虑着自己所爱的人的感受。马换牛，有牛奶；牛换羊，有羊奶、羊毛；羊换鹅，不需喂，在河边游也是一道美丽的风景，还有鹅肉可吃；鹅换烂苹果，老太婆更高兴，不光因为自己以往把自家树上只结的一个苹果当财富，致使成为烂苹果也不愿意扔，就是现在，她去附近借香菜，人家也会说他们的地里什么也不长，连烂苹果都长不出一个，这下，可以送给他一袋烂苹果了。

老太婆吻了老头子，两位英国人认输了，同时也认识到老头子与老太婆这种不计得失、相互理解、保持快乐的生活态度令人羡慕。

那么，在生活中，有几个人能如老太婆信任老头子般大度地对待家庭纠纷呢？如果是你，面对着各种令人情绪大起大落的局面，你还能心平气和、笑脸相迎吗？如果我们都能理解对方，相信对方的做法必有自己的理由，并能如老太婆般，连老头子的错都能解释成一种关爱，何谈家庭战争的爆发呢？所以说，信任是建立和谐家庭的基础。

平凡的日子因为和谐而精彩，平凡的家庭因为和谐而温馨。和谐是甘泉，它的源头是真，是善，是美；和谐是大厦，它的根基是诚，是信，是礼；和谐是鲜花，它的芳香是亲情、友情和爱情；和谐是明灯，它的光亮是理解、信任和宽容。我们要用自己的努力，来营造一个和谐的家庭。

和陌生人说话的气场

　　在每个人的人生际遇当中，可能都与陌生人有着或多或少的机缘。那么我们该如何处理这种机缘呢？很多人都有这样的体验，在走进一间陌生的房间，或是与一个不熟悉的人碰面时，在心里独白的最多的一句话就是"我该怎么样说话才比较自然，能马上与对方熟起来呢？"。

　　敢于与陌生人说话，是拥有好口才的第一步，在遇到必须和陌生人打交道的时候，我们必须要有敢于和陌生人说话的气场，只有拥有敢于和陌生人说话的气场，才能和对方建立联系，获得信任。

　　由于是初次见面，素昧平生，"怕生"的心理使得一些人感觉到不自然，因而，"不好意思"交谈，也有人感到不知从何说起，没有办法交谈"。

这种现象也不完全是我们个人的心理素质问题，因为从小到大，我们或多或少的都听到些关于和陌生人接触后发生了这样那样不好的事。不光老师、领导、警方频频提示，各种热播影视剧也积极帮腔，并以"真人秀"的形式警告我们："不要和陌生人说话"，"别给不认识的人开门"。仿佛一开口，就会遭到恶意攻击。

有位大师说："失败者同成功者最大的区别在于他们对陌生人的态度。"对陌生人有防范心理是对的，但不是草木皆兵，"陌生人"不等于"坏人"。从我们有了自己的意识后，离开亲人时就开始接触"陌生人"上幼儿园，进学校，直至进入工作单位，都无法避免和"陌生人"打交道。大家通过彼此了解，从不认识到相熟，最终由"陌生人"变成同事和好朋友。

某广告公司营业部业务员小赵到南方某城市旅行。晚餐时来到一间小餐馆，进门一看酒吧式的座位上有许多顾客在用餐。小赵心里正想着不知有没有位置，眼光一扫发现在最内侧还有一处空位。

他犹豫片刻，走过去主动地向坐在空位旁边的那位先生打招呼，亲切爽朗地说了声"晚上好"。虽然对方有一些吃惊，不过也非常有礼貌地回了他一声"你好"。小赵接着问这位先生："请问这位子有人吗？"对方回答说："没有人坐。"小赵便说："我是否可以坐在这里？"对方心情非常愉快地回答："当然！欢迎。"

小赵坐下之后说："我是今天才从西安来到这里的，这里的街道古香古色，安静祥和，看了之后让人心情平静了许多。"对方亲切地回答说："你是从西安特地来的啊！我去过那个城市，是个很有历史底蕴的地方……"接着，他同小赵谈起了本地许多的风土人情，自然景观。他们在轻松自在的气氛中结束了晚餐，分手前这位先生给了小赵一张名片，原来他是本地某新闻出版社的主任。小赵也谦虚地递出自己的名片，这位主任看到小赵的名片，惊喜地说："嗳！你在广告公司高就啊！今天能够遇见你真是太有缘了！是这样的，我们公司想在西安成立一个分社，正想找一个广告公司合作呢，我觉得我们可以初步合作看看？"

就这样，第一次见面的陌生人，竟然给了小赵一个上百万的业务。这也出乎小赵的意料："真没想到，同陌生人的一次交谈带来不仅是这么大收获，更重要的是新的希望。"

小赵的经历很好地说明了一个问题，如果今天你认识了一个陌生人，可能明天他就会成为你的知心好友；他们可能成为你危急时候可以依靠的人，可能成为在你背后提供信任和支持的人，也有可能变成为工作上的伙伴。这些"陌生人"构成了重要的人际关系网，这些是他们成功的基石。在现代社会里，人与人的交流越来越频繁，越来越广泛，人际关系越来越重要，在种种场合下，一个人如果不善于和陌生人交谈，造成的损失将是无法弥补的。

然而，和陌生人说话，是有"技术含量"的。人们在与陌生人交谈时或局促一角，尴尬窘迫；或欲言又止，话不成句；或说话生硬，使人误解……产生这种现象的原因便是缺乏和陌生人交谈的"技巧"。那些善于将"陌生人"变成"熟人"的人，凭着自然娴熟的人际关系，人生道路往往走得较为顺利。所以说语言就是力量，很多人的生活将因此而改变。

在与"陌生人"首次交谈时首先有的是自信。有了自信你就会克制住紧张的情绪。不然紧张会打乱你的气场，引起呼吸紊乱，就会使说出来的话颤巍巍，给人一种支离破碎的感觉，让你没办法开展下面的谈话。在跟陌生人接触的头四分钟里应当尽量显得友好和自信，在交际场上与陌生人见面，需要您"使用"微笑——这个表情全世界通用，不必翻译。然后说好第一句话，用你的语言表达出你的自信心，你要落落大方地表示出了你的热情和自信，留给对方的第一印象肯定会是"一见倾心"、"相见恨晚"。

赤壁之战，鲁肃见诸葛亮的第一句话是："我，子瑜友也。"子瑜是诸葛亮的哥哥，他是鲁肃挚友，短短的一句话但是恰到好处，定下了鲁肃和诸葛亮的交情。但要注意自信不是摆出一副盛气凌人、自命不凡的样子，这样会让对方产生逆反心理。态度谦虚、说话委婉、语言得体，就能在无形之中畅通交流渠道，拉近距离，减少沟通的阻力。以热情的态度和陌生人交谈，即使很紧张但是这也是跨出了第一步，有第一步才会有后面的无数步。

我们在与陌生人第一次见面后会有这样的感觉："啊，那天我很唐突地说了那样的一句话。"或者是："哎呀，我当时怎么说了那么破坏气氛的话。"想起来的时候，真是恨不得咬掉自己的舌头，无地自容。所以寻找和陌生人交谈的话题很重要，建议你不妨从天气、籍贯、兴趣和衣着等方面着手，如果对象是女性，你可以同她聊聊美容、瘦身、服装等话题，这是大多女性喜欢的，然后慢慢地寻找对方感兴趣的话题，没有人会对自己不感兴趣的话题投入过多的热情，而如果遇到自己感兴趣的话题，他们常常会情绪激昂地参与进来。

因此，在与对方谈话时，我们就可以抓住对方的这种心理，从而实现进一步的交流。例如，他和你一样都穿了一双耐克运动鞋，你可以以耐克鞋为话题开始你们的谈话。与陌生人交谈，最好寻找对方也熟悉的人和事，以此牵线搭桥，引出话题。

对别人显示出兴趣或表示同情同样重要，有些人胆子很小，不敢主动向对方问好。其实，这并不是一件难事，只要抛弃自己胆怯的心理，大胆地走上去、找到合适的话题，就能使交谈融洽自如。好话题是初步交谈的媒介，深入细谈的基础，纵情畅谈的开端。有了好的开端，学会怎样和陌生人说话，找到共同的话题，加上你的热情大方，妙语连珠，幽默自然，纵使萍水相逢，也会一见如故。

幽默的气场更有魅力

记得作家马克·吐温说过："戒烟最容易了，我就戒过二百多次。"聪明的人们一听就会明白，他说的是老也戒不掉！这种说法意思明白，又很滑稽，显然是经过艺术加工的说法，是创造性的语言，自然是出于智慧的，这就是幽默。

枯燥的职场生活少不了幽默，它不仅能使你成为一个受欢迎的人，使别人乐意与你接触，愿意与你共事，它还是你工作的润滑剂，促进你更好更快地完成工作。幽默以快乐的方式表现人善良的心灵和伟大的智慧。

在工作中，幽默是一条纽带，拉近人与人之间的距离，弥补人与人之间的隔阂。它是欲成大业者与他人建立良好关系不可缺少的润滑剂，也是每一个希望减轻自己人生重担的人所必须依靠的一种生存智慧。幽默所取得的效果往往是采用别的方法所不能达到的，幽默是性价比最高的一种方法。

有位名人曾经说过："一般具有幽默感的人，都有一种超群的人格，能自在地感受到自己的力量，独自应付任何困苦的窘境。"拥有幽默感的人往往气场不凡，带有个人气质的幽默必然带有个人生活工作的背景色彩。所以有幽默感的人总是能成为别人的焦点，得到大家的认可。

与别人的交往中发生了尴尬，如果你能从容地开个玩笑的话，与别人之间的紧张气氛相信就能消失得无影无踪，而且对方还可能会被你的魅力所吸引，最后真正接受你。适当的幽默一下会起到事半功倍的效果。

在一家高级餐馆里，一位顾客坐在餐桌旁，很不得体地把餐巾系在脖子上。

餐馆的经理见状十分不满，叫来一个服务生说："你去让这位绅士懂得，在我们餐馆里，那样做是不允许的，但话要尽量说得和气委婉些。"

服务生觉得有些为难，但他灵机一动，来到那位顾客的桌旁，有礼貌地问："先生，你是想刮胡子还是理发？"

那位顾客愣了一下，马上明白了服务生的意思，不好意思地笑一笑取下了餐巾。

这位聪明的服务生幽默地化解了尴尬的气氛，一方面，完成了经理的任务；另一方面也给客人一个台阶，避免了矛盾的激化。

幽默给人以从容不迫的气度，让这位普通服务生的气场顿时提升，显示了他男子汉成熟、机智的谈吐，受到了餐厅经理和其他员工的好评。

幽默语言精练，言简意赅，构思奇巧，浑然天成，且这些手法产生的效果迅速而直接。幽默往往以独特的视角、特有的方式来品评人物，反映社会生活，让人在轻松愉快中领会说话者的意图。

领会幽默的内在含义，机智而又敏捷地指出别人的缺点或优点，在微笑中加以否定或肯定，是增加个人魅力的砝码。

幽默是一种语言的艺术，人与人之间交往要靠语言，这就要考察言谈中会不会显示出幽默。与幽默的人相处总是让人觉得轻松自在，让人能感受到他的气场，被其幽默的魅力所感染。由于幽默力量的推动，我们能更有弹性地去处理工作，而弹性也能促进我们能有成功所必备的"给予"和"获得"的态度，从而提升人格魅力。

在现代生活中，人与人之间，为了利益或为了理念，难免会陷入紧张或对立的状态，然而，沉重的问题也可以用轻松的方式去解决，严肃的门也可以用幽默的钥匙去开启。一个幽默的人因为幽默使自己更具魅力，他的气场就会更强。

两位保险公司业务员争相夸耀自己的保险公司付款有多快。第一位说：他的保险公司十次有九次是在意外事件发生的当天就把支票送到保险人手里。

"那算什么！"第二位取笑说："我们公司在里特大厦的25楼，这栋大厦有40层高。有一天，我们的投资人从顶楼跳下来，当他经过第25层楼时，我们就把支票交给他了。"

两位业务员说话的目的显然是相同的，都是想让客户注意到自己公司"快"的特点，相比之下前一位的叙述显然有些生硬，不够吸引客户；第二位幽默的言语一定能给客户留下更深刻的印象。这恰到好处运用的幽默能使工作变得轻松愉快，立刻拉近与客户的距离。

幽默不是简单地开玩笑，而是一种智慧的表现。一个诙谐幽默的人，他的知识一定很丰富，才能做到谈资丰富、妙语连珠。

乐观与幽默是亲密的朋友，生活中如果多一点趣味和轻松，多一点笑容和游戏，多一分乐观与幽默，那么就没有克服不了的困难，就会少很多整天愁眉苦脸、忧心忡忡的痛苦面容。

俄国文学家契诃夫说过："不懂得开玩笑的人，是没有希望的人。"可见，生活中的每个人都应当学会幽默。如果你想更聪明且更有创造力，那就赶快学会幽默吧。比如在讲话时用风趣的口吻讲个小故事或说一两句俏皮话、双关语或是幽默的祝愿词，这些都是很妙的点缀。

善于幽默的人，大多能把幽默的力量运用得十分纯熟，表现得真实而自然。当然，在幽默的同时，要意识到不同问题要不同对待，在处理问题时要有灵活性，做到幽默而不俗套。

幽默的魅力需要以愉悦的方式表现出来，表达出个人的真诚，心灵的善良，对别人、对生活的爱心。如果你能够真正掌握幽默这种力量，就能够使自己的气场更加具有魅力，进而创造出有意义的人生。